Belete Shanka

A Voz dos Jovens Licenciados Desempregados em Wolaita Sodo, Etiópia

Belete Shanka

A Voz dos Jovens Licenciados Desempregados em Wolaita Sodo, Etiópia

ScienciaScripts

Imprint

Any brand names and product names mentioned in this book are subject to trademark, brand or patent protection and are trademarks or registered trademarks of their respective holders. The use of brand names, product names, common names, trade names, product descriptions etc. even without a particular marking in this work is in no way to be construed to mean that such names may be regarded as unrestricted in respect of trademark and brand protection legislation and could thus be used by anyone.

Cover image: www.ingimage.com

This book is a translation from the original published under ISBN 978-620-2-05338-9.

Publisher:
Sciencia Scripts
is a trademark of
Dodo Books Indian Ocean Ltd. and OmniScriptum S.R.L publishing group

120 High Road, East Finchley, London, N2 9ED, United Kingdom
Str. Armeneasca 28/1, office 1, Chisinau MD-2012, Republic of Moldova, Europe
Printed at: see last page
ISBN: 978-620-7-74267-7

"Quem me dera ainda ser estudante" (J, Homem: um participante na investigação)

Conteúdo

Resumo

Este estudo incide sobre as experiências de desemprego de jovens licenciados desempregados e as suas atitudes em relação à criação de empresas em micro e pequenas empresas (MPE) na cidade de Wolaita Sodo, no sul da Etiópia. Mais especificamente, procura examinar as experiências de procura de emprego dos jovens licenciados desempregados, examinar as suas experiências de desemprego, identificar as barreiras e oportunidades para a criação de empresas nas MPE e explorar as suas atitudes em relação à criação de empresas nas MPE. Para abordar as suas experiências de procura de emprego, foram utilizados conceitos da transição da escola para o trabalho e da teoria do capital humano, bem como outros exemplos empíricos. Para abordar as suas experiências de desemprego, esta investigação utilizou a teoria do capital humano e o conceito de exclusão social. Conceitos importantes como juventude e esperança na era contemporânea, nexo entre desemprego e empreendedorismo, empreendedorismo através das MPEs, o papel da educação formal no desenvolvimento das MPEs, ambiente favorável à criação de emprego e outros exemplos empíricos são utilizados para identificar as barreiras e oportunidades para a criação de empresas nas MPEs e para examinar as atitudes dos jovens licenciados desempregados em relação à criação de empresas nas MPEs. De um modo geral, os conhecimentos obtidos a partir destas questões, juntamente com os exemplos empíricos, foram utilizados como base interpretativa para este estudo.

Este estudo utilizou a metodologia qualitativa e a abordagem fenomenológica, e quatro instrumentos de recolha de dados primários, nomeadamente, entrevistas semi-estruturadas, discussões em grupos de discussão (FGD), entrevistas de elite, bem como observação direta e fontes de dados secundários. As entrevistas semi-estruturadas e as discussões em grupo foram utilizadas para obter as experiências de desemprego dos jovens licenciados e as suas atitudes em relação à criação de empresas em MPE. Além disso, foram realizadas entrevistas de elite para recolher dados relevantes para esta tese junto de peritos que coordenam as MPE e os assuntos da juventude na cidade de Sodo. Foi realizada uma observação direta para conhecer a forma como os jovens licenciados procuram emprego e a situação geral das MPE na área de estudo. Os participantes na investigação foram recrutados recorrendo a técnicas de amostragem de bola de neve e de amostragem intencional.

Os resultados deste estudo revelam que o período de procura de emprego é cheio de incertezas para muitos e que a transição da escola para o trabalho não é fácil para a maioria dos jovens licenciados. A tese concluiu que as experiências de desemprego dos jovens licenciados variam em função do género, do estado civil e do nível de escolaridade. O estudo indicou que o desemprego prolongado entre os licenciados conduz à exclusão social em vez de à inclusão e desperdiça os conhecimentos adquiridos através de uma educação formal. Além disso, o estudo também examinou as atitudes dos jovens licenciados desempregados em relação à criação de empresas em MPE. Os resultados indicam que as imagens positivas em relação às MPE são principalmente prejudicadas pela falta de apoio institucional, pela falta de formação e de orientação, pela falta de infra-estruturas, pela falta de modelos reconhecíveis e pela falta de inspiração da sociedade.

Por último, foram apresentadas as recomendações que se supõe serem úteis para aumentar o envolvimento dos jovens licenciados na criação de empresas nas MPE.

Agradecimentos

Em primeiro lugar, gostaria de agradecer a Deus pelo amor constante, que me manteve saudável e seguro durante todo o período deste estudo, e tenho a certeza de que o seu amor permanece constante para sempre!!! Amém!!! !

Muito obrigado à Professora Ragnhild Lund pela sua excelente e essencial gestão desta tese! Apoiou-me sempre que precisei de ajuda, apesar de ter uma agenda muito preenchida. Tenho muita sorte em ser supervisionada por ela! !! Aconselhando, encorajando, compreendendo, discutindo abertamente; ela fez-me sentir confiante de que eu continuava no caminho certo. Todos os seus encorajamentos, conselhos e discussões abertas foram, naturalmente, um apoio especial! Sem os seus comentários e encorajamentos ao longo de todo o processo de investigação, não teria conseguido concluir este trabalho a tempo. Ficarei também muito grato pela sua revisão. Muito obrigada por tudo!!! !

Estou também profundamente grato ao Fundo de Empréstimos para a Educação do Estado norueguês ("Lânekassen"), que me apoiou financeiramente durante todo o período deste estudo. Sem a sua bolsa, não teria sido possível frequentar a Universidade Norueguesa de Ciência e Tecnologia. Obrigado, continuarei grato!

Os meus sinceros agradecimentos a todos os participantes na investigação. Merecem um agradecimento especial pela sua cooperação e participação neste estudo. Sem a sua participação voluntária, esta tese seria impossível. Estou igualmente grato aos funcionários administrativos da Universidade Wolaita Sodo pelo seu encorajamento moral, apoio e hospitalidade durante todo o meu período de estudo.

Gostaria também de agradecer a todo o pessoal académico e administrativo do departamento de Geografia da NTNU. Ao longo do meu estudo, descobri que todos me apoiam e cooperam. Muito obrigado!

Houve muitas pessoas fora do mundo académico que contribuíram para este estudo durante os meus períodos de trabalho de campo, preparando instalações importantes durante o trabalho de campo. Ermias Elka - aliviou a minha tensão durante o trabalho de campo através de sugestões valiosas; Misganu Petros - cuidou de mim através de orações contínuas e partilhámos muitos momentos interessantes. Tesfahun Tadiwos - encorajou-me, partilhou o seu precioso tempo comigo - Obrigado a todos!

Finalmente, os meus pais (Sr. Bekele Shanka e Sra. Nigist Lamago), as minhas irmãs Biruk e Tizita, os meus irmãos Muluken, Eshetu, Tibebu, Paulos e Degu merecem um agradecimento caloroso por serem maravilhosos! Confiam em mim, encorajam-me moralmente e rezam por mim - são os melhores! Admiro igualmente o apoio contínuo recebido de todos os amigos. A todos eles dedico com carinho este trabalho.

Belete Bekele Shanka, Trondheim, maio de 2016

Mapa da área de estudo

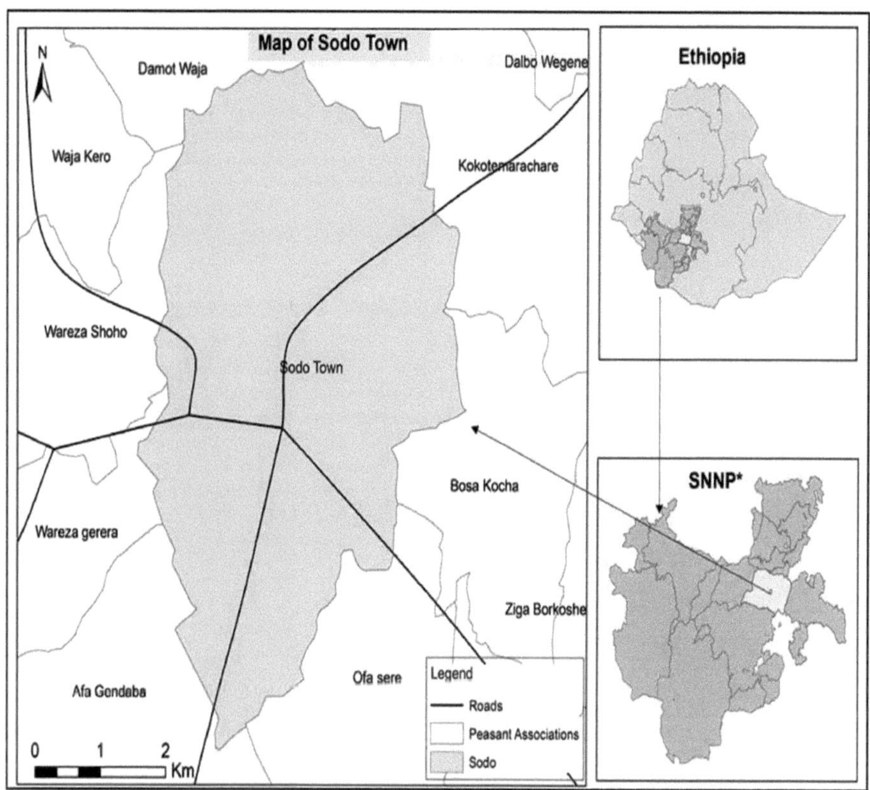

Figura 1: Mapa da zona de estudo

Desenhado por Sileshi Tadesse[1] , agosto de 2015

---

[1]Estudante do segundo ano da NTNU, Gestão de Recursos Naturais, especialização em Geografia

Lista de abreviaturas

ADLI: Agricultural Development Led Industrialization

COC: Certification of Competence

CSA: Central Statistical Agency

EET: Entrepreneurship Education and Training

EPRDF: Ethiopian People's Revolutionary Democratic Front

FDRE: Federal Democratic Republic of Ethiopia

FGD: Focus Group Discussion

HASIDA: Handicrafts and Small-Scale Industries Development Agency

ILO: International Labor Organization

IMF: International Monetary Fund

MDGs: Millennium Development Goals

MoE: Ministry of Education

MoFED: Ministry of Finance and Economic Development

MOTI: Ministry of Trade and Industry

MOYSC: Ministry of Youth, Sports, and Culture

MSE/MSEs: Micro and Small Enterprises

MUDC: Ministry of Urban Development and Construction

NGO: Non-Governmental Organizations

NTNU: Norwegian University of Science and Technology

OECD: The Organization for Economic Cooperation and Development

PASDEP: The Plan for Accelerated and Sustained Development to End Poverty

SNNPRS: Southern Nations, Nationalities, and Peoples Regional State

TVET: Technical and Vocational Education and Training Strategy

UNECA: United Nations Economic Commission for Africa

UNESCO: The United Nations Educational, Scientific and Cultural Organization

WIDE: Wellbeing and Ill-being Dynamics in Ethiopia

CAPÍTULO 1: INTRODUÇÃO

1.1. Antecedentes do estudo

Na maior parte do Sul global, as imagens crescentes de sucesso através da educação e o desejo de entrar em empregos *de colarinho branco*[2] inspiraram a maioria das pessoas a gastar o seu capital na escolaridade formal (Olaniyan e Okemakinde, 2008; Jeffrey, 2009). O aumento do investimento das pessoas na educação, juntamente com a falta de emprego remunerado para os licenciados e os que concluíram o ensino secundário, gerou um problema de desemprego maciço das pessoas com formação, que é particularmente evidente e profundo nos anos 90 e no início dos anos 2000 em África, na Ásia e na América Latina (Jeffrey, 2009). Os jovens com formação, na casa dos vinte ou trinta anos, no Sul global, são altamente afectados pelo vasto problema do desemprego (ibid.). O desemprego dos jovens urbanos é um desafio assustador em muitos países africanos (Mago, 2014).

A Etiópia é um dos países africanos que regista um desemprego juvenil generalizado nas zonas urbanas. À semelhança de muitos outros países africanos, verifica-se um elevado grau de melhoria na expansão da educação no país (Haile, 2003; Broussard e Tekleselassie, 2012). Atualmente, o governo reconhece a educação como um instrumento para alcançar o progresso e uma vida decente. Os pais e os jovens investem os seus recursos limitados na educação escolar com a esperança de alcançarem um futuro melhor (Chuta e Crivello, 2013). O aumento da quantidade de jovens nas instituições de ensino secundário e superior é um desenvolvimento positivo. No entanto, os mercados de trabalho na maioria dos países são atualmente incapazes de absorver o número crescente de jovens que abandonam a escola (Awogbenle & Iwuamadi, 2010). Também na Etiópia, o aumento do acesso à educação resultou no problema do desemprego dos jovens com formação académica (Broussard e Tekleselassie, 2012). O desemprego dos jovens com formação não se limita apenas àqueles que concluíram o ensino secundário, mas também à maioria dos diplomados dos institutos superiores e das universidades que estão a passar pelo mesmo problema (Central Statistical Agency (CSA), 2011). Na mesma linha, uma investigação do Ministério da Educação da Etiópia (MoE) mostrou que muitos licenciados estavam a ficar desempregados, embora haja uma vitória quantitativa em relação à matrícula (MoE, 2008).

Na maioria das vezes, na Etiópia, depois de concluírem o ensino superior, os jovens das zonas rurais deslocam-se para os centros urbanos à procura de empregos que correspondam às suas competências. Este facto faz com que as zonas urbanas tenham a maior população jovem do país (Mains, 2012). Por este motivo, o problema do desemprego dos jovens parece ser, em grande medida, um fenómeno urbano na Etiópia (Guarcello e Rosati, 2007). Depois de se mudarem para as cidades, a maioria dos

---

[2] Empregos profissionais assalariados/escritórios nos sectores público ou privado

jovens permanece desempregada durante um longo período de tempo enquanto espera por *um* emprego *de colarinho branco*. Para além dos jovens que nasceram e cresceram nas cidades e que lutam para conseguir um emprego de *colarinho branco* após a licenciatura, os que se deslocam das zonas rurais agravam a situação de desemprego nas cidades. De um modo geral, a Etiópia caracteriza-se por elevados níveis de desemprego dos jovens licenciados, sobretudo nas zonas urbanas (Srinivasan, 2014). Segundo Kahraman (2011), se não for detectado, o desemprego dos jovens pode ter consequências sociais, económicas e políticas substanciais e graves. Da mesma forma, Haile (2003) e Guarcello e Rosati (2007) argumentaram que o desemprego (seja ele de outros ou de jovens) acarreta custos negativos para o próprio jovem, para os pais e para todo o público. O desemprego dos jovens instruídos significa um mau começo de vida após a conclusão de um curso superior e deixa uma cicatriz que tem potencial para ter um impacto negativo destrutivo a curto e a longo prazo nos jovens e na sociedade em geral (O'Higgins, 2001; Haile, 2003).

A maioria dos jovens desempregados na Etiópia urbana procura emprego pela primeira vez, e a duração média do período de desemprego é superior a um ano (Serneels, 2007). Escusado será dizer que, com quase dois terços da população jovem, a Etiópia tem uma das maiores taxas de desemprego juvenil urbano a nível mundial, com cerca de 50% da população ativa jovem (Haile, 2003; Denu, Tekeste e Van der Deijl, 2005; Negash e Amentie, 2013). Para acomodar este enorme número de jovens desempregados, o empregador tradicional, ou seja, o governo/sector público, não é suficiente. Além disso, a "protuberância juvenil" em vários países de África e da Ásia exerce pressão sobre os governos para que dêem grande ênfase à promoção de esforços de empreendedorismo para combater o problema crescente do desemprego dos jovens (Cho e Honorati, 2013). Assim, o incentivo a actividades empresariais que possam aumentar as oportunidades de criação de emprego é necessário e claramente relevante nos países em desenvolvimento (Srinivasan, 2014). Para o efeito, a solução estratégica deverá residir na promoção das micro e pequenas empresas (MPE). Tendo isto em conta, o governo da Etiópia concebeu várias políticas e estratégias para envolver os jovens nas MPE (MoFED, 2010). Apesar das políticas governamentais de promoção das MPE, a maioria dos licenciados não está atualmente a utilizar as MPE como uma oportunidade e muitos continuam desempregados. A frase *"Quem me dera ainda ser estudante"* foi repetida pela maioria dos licenciados desempregados deste estudo durante o meu trabalho de campo. Incapazes de concretizar as suas aspirações de levar uma vida melhor e de alcançar a independência económica após a licenciatura, a maioria dos licenciados desempregados deseja voltar a ser estudante a tempo inteiro.

1.2. O problema Declaração

Em África, os jovens constituem a maioria da população, uma vez que cerca de 70% da população total do continente tem menos de 30 anos (Leavy e Smith, 2010). O desemprego dos jovens é um problema grave em África, sendo a Etiópia o país com a maior população jovem da África Subsariana (Guarcello e Rosati, 2007). Por este motivo, os assuntos da juventude são uma preocupação crucial do discurso público na Etiópia (Denu et al., 2005; Nganwa, Assefa e Mbaka, 2015).

Com o objetivo de obter empréstimos do Fundo Monetário Internacional (FMI), o atual regime da Etiópia está a reduzir o seu sector público, que foi a principal fonte de emprego nos regimes anteriores. Este facto tem prejudicado especificamente as zonas urbanas (Mains, 2012). Devido aos desafios do desemprego, a criação de postos de trabalho e a expansão das oportunidades para os jovens estão, atualmente, no centro da política de desenvolvimento em quase todos os países africanos, incluindo a Etiópia (Nganwa et al., 2015).

Anteriormente, vários trabalhos académicos foram realizados por diversos académicos sobre o desemprego dos jovens na Etiópia (Haile, 2003; Denu et al, 2005; Serneels, 2007; Broussard e Tekleselassie, 2012), para mencionar alguns. A maior parte da investigação anterior sobre o desemprego juvenil no país centrou-se nos problemas do desemprego em si, nas suas causas e consequências (Haile, 2003; Denu et al, 2005; Serneels, 2007), e não oferece explorações sobre a forma como os sujeitos do desemprego, especificamente os jovens licenciados desempregados, vivem o problema. A corroborar esta ideia, o argumento de Mains (2012), no seu livro intitulado: *A Esperança Está Cortada: Youth, Unemployment, and the Future in Urban Ethiopia*, afirma que, em situações económicas desfavoráveis, é difícil para os jovens assegurar um emprego e alcançar a independência económica. Segundo ele, os académicos e os jornalistas têm prestado atenção aos acontecimentos notáveis em que os jovens estão envolvidos, mas as suas experiências vividas são ignoradas. Além disso, eu diria que os trabalhos académicos anteriores não abordam as experiências de desemprego dos jovens licenciados na área de estudo. Embora a Etiópia esteja a registar um rápido crescimento económico recente, tem havido uma criação inadequada de emprego nas MPE, o que resultou num aumento do desemprego (Denu et al, 2005). A maioria dos estudos anteriores realizados em relação às MPEs na Etiópia concentram-se apenas nas atitudes dos estudantes em relação às MPEs (Negash e Amentie, 2013), e em diferentes categorias de pessoas que já trabalham em MPEs (Hundera, 2014), mas faltam estudos sobre as *atitudes*[3] de jovens licenciados desempregados em relação à criação de empresas em MPEs. Assim, o estudo que tem em conta os licenciados desempregados e estuda as suas realidades vividas e *atitudes* em relação à criação de um negócio em MPEs é inexistente na área de estudo.

Além disso, na Etiópia, foi dada pouca atenção à investigação sobre os factores específicos que

---

[3] As atitudes são descritas pela psicologia cognitiva como uma tendência para reagir de forma positiva ou negativa a um determinado objeto (Ajzen, 1987). As atitudes constituem uma base valiosa para moldar as perspectivas dos indivíduos em relação à definição de objectivos para se envolverem em actividades empresariais (Venesaar, Kolbre e Piliste, 2006).

afectam as condições de desemprego dos jovens, o que pode implicar que os decisores políticos do país enfrentam desafios devido à limitação dos dados empíricos para formular políticas e programas destinados a promover o emprego dos jovens e transições eficazes da escola para o trabalho (Guarcello e Rosati, 2007). É também evidente que, sem uma investigação aprofundada, não é possível saber como os jovens licenciados vivem o desemprego e como encaram a criação de empresas em MPE.

1.3. Objectivos do estudo

1.3.1. Objetivo geral

Este estudo tem por objetivo explorar as experiências de desemprego dos jovens licenciados, as suas atitudes em relação à criação de empresas em MPE e avaliar se o desemprego prolongado dos jovens licenciados conduz à exclusão/inclusão social na área de estudo.

1.3.2. Objectivos específicos

Mais especificamente, este estudo procura

> Investigar as qualificações dos jovens licenciados desempregados e as suas experiências de procura de emprego,

> Examinar as suas experiências de desemprego,

> Investigar as oportunidades e os obstáculos à criação de empresas nas MPE, e

> Explorar as suas atitudes em relação à criação de empresas nas MPE.

1.4. Questões de investigação

Para atingir os objectivos de investigação acima referidos, esta tese aborda as seguintes questões de investigação:

> Quais são os diplomas para os quais os jovens desempregados estão qualificados e como são as suas experiências de procura de emprego na área de estudo?

> Como é que os jovens licenciados vivem o desemprego?

> Quais são as oportunidades e os obstáculos à criação de empresas nas MPE?

> Quais são as suas atitudes em relação à criação de empresas nas MPE?

1.5. Justificação do estudo

Nos últimos tempos, as preocupações dos jovens ganharam uma consideração global, uma vez que as Nações Unidas estabeleceram a melhoria das condições de emprego dos jovens como um dos objectivos dos ODM (Objectivos de Desenvolvimento do Milénio) (Denu et al, 2005). O compromisso global exige uma avaliação exaustiva da situação dos jovens na Etiópia, de modo a que possam ser formuladas políticas adequadas para criar um ambiente favorável aos jovens (ibid.). Penso que esta tese fornece informações relevantes ao governo, aos decisores políticos e a outros organismos interessados sobre as condições dos jovens licenciados desempregados, para que possam intervir de forma significativa no combate ao problema.

A minha motivação pessoal, por ter crescido num estado pobre com muitos desafios de desenvolvimento, e a minha formação académica em estudos de desenvolvimento levaram-me a centrar-me nas experiências de desemprego dos jovens licenciados e nas suas atitudes em relação à criação de empresas em MPE, que está a ser identificada como uma solução para o problema. Penso que a divulgação das experiências de desemprego dos jovens pode ajudar outros jovens licenciados a sentirem-se motivados para criar o seu próprio emprego.

Para além disso, espero que este estudo possa fornecer dados a quem necessite de recursos sobre este tema e que também estimule outros investigadores a estudar os desafios dos jovens licenciados. As recomendações resultantes dos resultados poderão contribuir para a preparação de estratégias sobre a forma como o governo e outros organismos interessados poderão criar condições ambientais favoráveis para combater o desemprego entre os jovens licenciados e estimular neles atitudes positivas em relação às MPE.

1.6. Esboço da tese

Esta tese contém nove capítulos. **Capítulo Um**: *Introdução*, apresenta o tema da investigação e apresenta os objectivos e as justificações do estudo. **Capítulo Dois:** descreve e discute as *definições operacionais dos conceitos de base* utilizados nesta tese. **O capítulo três** apresenta as discussões sobre a *metodologia de investigação*. **Capítulo 4:** apresenta a *descrição da área de estudo e o contexto do estudo*. **Capítulo Cinco**: analisa as *teorias e faz uma revisão da literatura relacionada* que são relevantes para interpretar e analisar os dados empíricos. **Capítulos Seis, Sete e Oito**: apresentam as secções de *análise e discussão* dos dados empíricos. Aqui são analisadas e discutidas as experiências de desemprego dos jovens licenciados e as suas atitudes em relação à criação de empresas nas MPE. **Capítulo Seis**: *Experiências de procura de emprego:* analisa as oportunidades de emprego e as diversas experiências de procura de emprego com que os jovens licenciados desempregados se depararam no processo de procura de emprego. **Capítulo Sete**: *Viver no desemprego: A Lot of Complexities and Costs (Viver no desemprego: muitas complexidades e custos) explora* as experiências de desemprego dos jovens licenciados. **Capítulo Oito**: *Oportunidades, Barreiras e Atitudes em relação às MPEs,* apresenta as categorias das MPEs nas áreas de estudo, as oportunidades de criação de empresas nas MPEs e as barreiras que impedem os jovens licenciados de utilizar as oportunidades nas MPEs e as atitudes dos jovens licenciados desempregados em relação à criação de empresas nas MPEs. **Capítulo 9**: apresenta *conclusões e recomendações*.

CAPÍTULO 2: DEFINIÇÕES OPERACIONAIS DE CONCEITOS BÁSICOS

2.1. Juventude

Na prática, o significado de juventude pode variar em função dos contextos institucionais, económicos, demográficos, políticos e culturais de um determinado país (O'Higgins, 2001). Para os estudos que abordam os jovens licenciados, penso que é lógico escolher o grupo etário razoável que o estudo exige. De acordo com o Ministério da Juventude, do Desporto e da Cultura (MOYSC) da Etiópia, a juventude é definida como um indivíduo com idades compreendidas entre os 15 e os 29 anos (MOYSC, 2004). No entanto, nesta tese, a juventude inclui indivíduos com idades compreendidas entre os 22 e os 29 anos. A razão para esta categorização nesta tese é que os jovens incluídos no meu estudo eram licenciados que estavam desempregados há um ano, e é suposto um indivíduo terminar o seu diploma universitário ou licenciatura com a idade mínima de 19 ou 21 anos, respetivamente, ou mais, na Etiópia. O limite máximo de idade está em conformidade com a definição do MOYSC, 2004. Os conceitos de *juventude* e *jovem* são utilizados indistintamente ao longo do documento.

2.2. Jovens desempregados

Nganwa et al (2015) menciona os jovens desempregados como um grupo de jovens com diferentes origens que procuram e são capazes de trabalhar, mas não conseguem encontrar ou iniciar qualquer trabalho. O presente estudo adopta esta definição. Os jovens desempregados nas economias em desenvolvimento não beneficiam dos sistemas de proteção social que são acessíveis aos seus equivalentes nas economias desenvolvidas (Organização Internacional do Trabalho (OIT), 2013).

2.3. Desemprego de licenciados

O desemprego de licenciados é *"a falta de emprego causada pela falta de empregabilidade, pelo tipo de qualificação obtida, bem como pela área de estudo, pela qualidade do ensino secundário, pela qualidade do ensino superior, por expectativas elevadas, pela procura de emprego e pela experiência profissional"* (Oluwajodu, Blaauw, Greyling e Kleynhans, 2015:3). Nesta tese, os participantes na investigação de desempregados diplomados eram pessoas à procura de emprego pela primeira vez, que nunca tiveram emprego após a sua licenciatura por um período superior a um ano. Nesta tese, "licenciado" refere-se a um indivíduo que possui um diploma universitário (10+3) e um diploma universitário (12+3 ou superior), de faculdades ou universidades públicas ou privadas da Etiópia. Assim, nesta tese, entende-se por jovens desempregados diplomados um grupo de jovens com um diploma universitário ou um diploma universitário, à procura de emprego, mas que não conseguiram assegurar um emprego ou criar a sua própria empresa durante um período de pelo menos um ano.

Podem ser designados por desempregados de longa duração. O objetivo da escolha desta categoria é estudar em profundidade as suas experiências de desemprego e a sua atitude em relação à criação de empresas em MPE.

2.4. Micro e pequenas empresas (MPE)

Para a promoção do empreendedorismo, as MPE desempenham um papel significativo (Drbie e Kassahun, 2013). A definição de MPE varia de país para país. As MPE foram objeto de uma variedade de significados em diferentes obras da literatura. Por exemplo, no Quénia, a definição de MPE baseia-se na dimensão do emprego. Uma empresa que não tenha mais de 10 trabalhadores é considerada uma microempresa e uma empresa com 11 a 50 trabalhadores é classificada como uma pequena empresa (Stevenson e St-Onge, 2005). Na Etiópia, a definição de MPE baseia-se na mão de obra e no capital necessários para a criação de uma empresa (Ethiopia MSEs Development Strategy, 2011). As MPE foram objeto de definições distintas. De acordo com a estratégia, as microempresas, centradas na indústria, são constituídas por uma mão de obra inferior ou igual a 5 e um ativo total inferior ou igual a 100 000 *Birr* etíopes[4] , o que equivale a 5000 USD, e as centradas na prestação de serviços são constituídas por uma mão de obra inferior ou igual a 5 e um ativo total inferior ou igual a 50 000 Birr etíopes, o que equivale a 2500 USD. Além disso, define as pequenas empresas que se baseiam na indústria como as que têm uma mão de obra entre 6 e 30 e um ativo total inferior ou igual a 1,5 milhões de Birr etíopes, o que equivale a 75 000 USD, e as que se baseiam na prestação de serviços como as que têm uma mão de obra entre 6 e 30 e um ativo total inferior ou igual a 500 000 Birr etíopes, o que equivale a 25 000 USD (ibid.). Para operacionalizar as MPEs, esta definição é utilizada, e as MPEs são de natureza diversa, incluindo trabalhos de fabrico, actividades relacionadas com a construção, comércio, prestação de serviços e agricultura.

2.5. Exclusão social

O conceito de exclusão social tem a sua origem na sociologia francesa (Bhalla e Lapeyre, 1997). As rotas que produzem a exclusão social e as questões que dela decorrem são objeto de investigação por parte de uma variedade de áreas académicas, incluindo a sociologia, a ciência política, a geografia, a economia e a história, e por disciplinas multi e interdisciplinares que se tornaram reconhecidas como áreas académicas distintas: estudos do trabalho, estudos da saúde, estudos urbanos e educação (Byrne, 1999). *"Um indivíduo é socialmente excluído se não participar em actividades-chave da sociedade em que vive"* (Burchardt, Le Grand, e Piachaud, 1998:30). Nesta tese, a exclusão social é operacionalizada como a situação em que um indivíduo não participa nas relações normais com a família, amigos e comunidades na arena socioeconómica e política devido ao desemprego

---

[4] Moeda da Etiópia

prolongado.

2.6. Resumo

Este capítulo analisou vários conceitos-chave utilizados nesta tese. Estes conceitos fornecem uma base para analisar e discutir as questões de investigação desta tese.

CAPÍTULO 3: METODOLOGIA DE INVESTIGAÇÃO

3.1. Introdução

O objetivo deste capítulo é apresentar uma descrição da metodologia de investigação deste estudo. Fornece ao leitor informações pormenorizadas sobre os processos de recolha de dados, os mecanismos de análise de dados e toda uma prática de trabalho de campo.

3.2. Metodologia Qualitativa

A escolha da metodologia de investigação baseia-se na seleção dos métodos mais adequados em relação ao conhecimento que o investigador pretende adquirir e às necessidades do estudo (Kitchin e Tate, 2000). A metodologia qualitativa é relevante para reconhecer uma variedade de experiências e para abordar a complicação de como os indivíduos vivem a sua vida quotidiana (Flick, 2009). Eu diria que as experiências de desemprego e as atitudes em relação à criação de empresas nas MPE são pessoais, específicas do contexto e complexas, o que indica que os métodos de investigação qualitativa são adequados para este estudo. Esta abordagem permitiu que os participantes na investigação contassem as suas experiências vividas relativamente ao desemprego e às atitudes em relação às empresas em fase de arranque nas MPE.

Na metodologia de investigação qualitativa, existem várias abordagens para a conceção de uma investigação, por exemplo, o estudo de caso, a investigação narrativa, a etnografia, a teoria fundamentada e o estudo fenomenológico (Creswell, 2014). A decisão sobre um desenho de investigação específico depende dos conhecimentos do investigador relativamente ao tema em questão, das questões a colocar, dos conceitos e pontos de vista teóricos que o investigador vai utilizar e da consciência que o investigador tem das vantagens e desvantagens dos vários métodos de investigação (Valentine, 2001). Como este estudo trata das experiências de desemprego e das atitudes dos jovens licenciados em relação à criação de uma empresa em MPE, penso que se enquadra quase na abordagem fenomenológica. A utilização da abordagem fenomenológica consiste em lançar luz sobre o específico, em descobrir fenómenos através da forma como são compreendidos pelos intervenientes numa situação (Creswell, 2007). Numa perspetiva humana, a fenomenologia preocupa-se com o estudo das percepções e das experiências (o que e como foram vividas) do ponto de vista de vários indivíduos relativamente a um conceito ou a um fenómeno (Gray, 2004; Creswell, 2007). Como tal, é útil para estudar as experiências subjectivas e para aprofundar as motivações e as acções das pessoas (ibid.). Uma investigação de base fenomenológica emprega uma variedade de métodos, tais como entrevistas, discussões em grupos de discussão (FGD), observações, conversas, investigação-ação e análise de textos pessoais (Creswell, 2007). Os métodos de investigação utilizados nesta tese incluem entrevistas de elite, entrevista semi-estruturada, FGD e observação direta. "A unidade de análise da fenomenologia é frequentemente o indivíduo" (Gray, 2004:21). Assim, os indivíduos foram utilizados como unidade de análise nesta investigação.

3.3. A seleção da área de estudo

O local-alvo do estudo é a cidade de Wolaita Sodo, no sul da Etiópia. *"Cabe aos investigadores decidir qual o campo que oferece as melhores oportunidades para aprender sobre os seus temas de investigação, qual o campo mais interessante e qual o campo mais suscetível de ser acessível"* (Boeijie 2009:35). Seleccionei propositadamente a cidade de Sodo como local de estudo, porque, de acordo com as minhas experiências de vida anteriores na cidade, há muitos licenciados que se debatem com problemas de desemprego. A seleção da cidade de Sodo também se deve à minha posição. Sou um insider e, na investigação qualitativa, escolher o local do projeto onde eu, como investigador, sou um insider, facilita os desafios do processo de recolha de dados. Pode ser menos difícil estabelecer uma relação e uma relação de confiança com a comunidade investigada se o investigador for um insider. Além disso, a seleção da cidade natal facilitou o processo de obtenção de acesso e foi mais seguro do que ir a outros locais na Etiópia que falam línguas diferentes e praticam culturas diferentes.

(Ver mapa da zona de estudo na página iv*).*

3.4. Experiências de trabalho no terreno

Entrar no terreno para recolher dados pode ser uma prática desencorajadora, desafiante e por vezes confusa, em que os investigadores negoceiam uma série de pressupostos, antecipações e inspirações (Darling, 2014). As realidades do trabalho de campo ultrapassam os mecanismos formais e o trabalho de campo necessita de flexibilidade nos julgamentos (ibid.). Neste estudo, ao longo de toda a investigação, orientei-me pelas directrizes éticas, que são discutidas abaixo numa secção separada. A secção seguinte apresenta as experiências de trabalho de campo.

3.4.1. Obter acesso

A obtenção de uma autorização para ter acesso aos participantes na investigação é importante num estudo fenomenológico (Creswell, 2007). Durante a primeira semana de trabalho de campo, escrevi uma carta a declarar que sou um investigador, para além da *"Carta de Apresentação[5] "* e dirigi-me à administração da cidade de Sodo, para pedir autorização para realizar este estudo. Este facto corroborou o ponto de vista de Boeijie (2009), que sugere que os investigadores podem escrever uma carta a grupos ou organizações pedindo-lhes que abordem os indivíduos para os envolverem no estudo. Durante a primeira semana, não consegui apresentar o meu caso aos funcionários do

---

[5] Uma carta enviada pelo programa de Mestrado em Filosofia em estudos de desenvolvimento, com especialização em geografia, da Universidade Norueguesa de Ciência e Tecnologia (NTNU).

município devido à sua ausência do escritório devido a reuniões "quotidianas". Através da minha visita contínua, encontrei um funcionário no primeiro dia da segunda semana. Depois de ter mostrado a *"Carta de Apresentação"* e de me ter apresentado brevemente, ordenou-me que me dirigisse à Universidade Wolaita Sodo, onde eu era funcionário, e que me trouxesse a carta que comprovava a minha inscrição na mesma, dizendo *"não temos comunicação direta com universidades estrangeiras".* Nesse dia, dirigi-me à Universidade Wolaita Sodo e encontrei-me com um funcionário responsável, a quem apresentei o caso, tendo ele apreciado o meu projeto e ordenado que eu solicitasse a carta de investigação através de uma carta formal. Nessa ocasião, escrevi uma carta em que dizia que era um estudante da NTNU a fazer investigação na cidade de Sodo e que queria ter acesso à mesma. Depois entreguei-lhe a minha carta e ele escreveu uma carta à administração da cidade de Sodo para fornecer documentos importantes para a minha investigação e facilitar as condições. Depois, voltei ao gabinete da administração da cidade de Sodo e entreguei a carta a um funcionário, que escreveu uma carta oficial explicando que eu tinha direito a realizar trabalho de campo na cidade de Wolaita Sodo de 15 de junho de 2015 a 25 de agosto de 2015. Esta carta ajudou-me muito a contactar todos os participantes na investigação e a recolher dados valiosos para o estudo.

3.4.2. Recrutamento de especialistas para uma entrevista de elite

Utilizei a técnica de amostragem intencional para selecionar os peritos para uma entrevista de elite. Na técnica de amostragem intencional, as unidades de investigação são cuidadosamente escolhidas pessoalmente pelo investigador com base na sua experiência anterior (Rice, 2010). Decidi escolher os gabinetes do Comércio e Indústria e das Mulheres, Crianças e Jovens porque sabia que estes gabinetes coordenam as MPE e os jovens, respetivamente. Para o efeito, seleccionei propositadamente um perito de cada gabinete. Os indivíduos foram escolhidos com base nas suas experiências de trabalho e familiaridade com as questões do desemprego dos jovens licenciados e das MPE na área de estudo. O departamento de recursos humanos da administração da cidade de Sodo ajudou-me a selecionar os peritos.

3.4.3. Recrutamento de licenciados desempregados

Muitos académicos notaram a importância do pessoal e dos representantes da comunidade no processo de recrutamento (Eide & Allen, 2005). Abordei muitas pessoas para obter ajuda para recrutar os participantes da investigação na área de estudo. Isto corrobora a opinião de Crang e Cook (2007:22), que afirma que o investigador tem de estabelecer tantos contactos quanto possível para aumentar a velocidade de acesso e, se um deles se revelar pouco informativo ou não cooperante, obter dados dos outros para processar a investigação dentro do prazo estabelecido. Neste sentido, estabeleci contactos com 3 trabalhadores do sector público e comuniquei com eles por telefone e pessoalmente muitas vezes para obter informações sobre os licenciados desempregados que este estudo exigia, o que não me ajudou a conseguir que os participantes na investigação se adequassem a este estudo. Além disso, vários dos jovens desempregados não quiseram participar no estudo, enquanto alguns ficaram desempregados menos de um ano após a conclusão do curso e não se qualificaram para uma entrevista. Tive então de procurar outros inquiridos.

Atkinson e Flint (2001) sugerem que o facto de se ser um insider é benéfico para o investigador identificar potenciais participantes iniciais na investigação através de uma estratégia de amostragem tipo bola de neve. Tenho muitos amigos e antigos membros do pessoal na cidade de Sodo. Eles ajudaram-me a encontrar 3 jovens licenciados desempregados (homens). Além disso, o meu tio que vive na cidade de Sodo informou-me sobre 2 jovens licenciados desempregados (mulheres). Além disso, quando estava no gabinete da administração da cidade de Sodo, para obter dados para a investigação, uma pessoa que lá trabalhava dirigiu-me a uma jovem licenciada desempregada quando ela estava no gabinete para renovar o seu bilhete de identidade. Depois de discutir claramente os objectivos da investigação, aproximei-me dela e pedi-lhe *o seu consentimento, ao* que ela respondeu que *"a sua investigação é para o seu próprio diploma, não me vai trazer nada. Experimente outros, não me importo de responder às suas perguntas"*. Depois tentei persuadi-la através de uma discussão aberta sobre o valor da sua participação, mas de repente ela deixou-me e mostrou a sua indisponibilidade para participar no estudo. A este respeito, Dale (2014) argumentou que muitos dos jovens não querem partilhar as suas experiências de desemprego na Etiópia por duas razões: há uma tendência para falar disso com amigos íntimos e familiares e, como culpam sobretudo o governo, não querem falar negativamente sobre o governo devido aos receios da política. Isto é verdade até certo ponto, de acordo com a minha experiência de trabalho no terreno. Depois de me deixar, aconselhou o seu amigo desempregado, que também veio renovar o bilhete de identidade, a não participar no estudo, dizendo: *"Olha para aquele homem, está à espera de fazer perguntas sobre a tua vida para obter o seu próprio diploma"*, apontando-me as mãos e rindo-se de mim. Senti-me desanimada, mas geri a situação com calma emocional e apresentei claramente os objectivos da investigação a esta mulher para saber se ela se voluntariava e, felizmente, ela deu o seu livre consentimento para participar no estudo. Assim, obtive 6 amostras iniciais de jovens licenciados desempregados. Troquei números de telefone com todas as amostras iniciais, o que me ajudou a manter o contacto com elas para discutir questões relevantes relacionadas com a tese e também para criar uma relação.

Tanto quanto sei, não existem dados precisos sobre o número exato de jovens licenciados desempregados na Etiópia em geral e na área de estudo em particular. Perante esta realidade, é ineficaz aplicar métodos de amostragem probabilísticos normais. Por conseguinte, considerei o método de amostragem de bola de neve mais pertinente no meu caso. "A amostra de bola de neve consiste na amostra inicial e em todas as vagas sucessivamente encontradas à sua volta" (Frank e

Snijders, 1994:54). O método de amostragem em bola de neve permite que as unidades seleccionadas forneçam informações sobre outras unidades procuradas no estudo (ibid.). A amostragem em bola de neve é vantajosa para uma população desfavorecida e oferece benefícios para aceder a uma população difícil de identificar ou "escondida" (Atkinson e Flint, 2001). Os académicos e os responsáveis pelas políticas públicas reconheceram que os jovens desempregados são difíceis de localizar (ibid.). Através da utilização desta técnica, a pequena amostra inicial de 6 pessoas foi aumentada para 18. Há uma dificuldade em empregar um método de amostragem do tipo bola de neve. Uma das deficiências do método de amostragem bola de neve está relacionada com um viés de seleção (ibid.). Consciente desta deficiência, aumentei o número de amostras iniciais (ver também Atkinson e Flint, 2001).

3.4.4. Informações sobre os antecedentes dos participantes na investigação

A informação geral sobre os licenciados desempregados incluídos neste estudo é referida na tabela constante do *Anexo 1*. O nome dos estabelecimentos de ensino e as habilitações literárias não são indicados para evitar interpretações desnecessárias relativamente aos estabelecimentos onde se licenciaram e às suas habilitações literárias, a fim de manter a *"confidencialidade"*. As ordens indicadas na tabela não têm qualquer implicação para além de apresentarem a informação geral sobre os antecedentes dos participantes na investigação para efeitos de clarificação na apresentação dos dados. Os *códigos* indicados na tabela por letras de **A** a **R** são utilizados para citar os participantes na investigação ao longo do texto e indicar quem disse o quê, e ajudam a distinguir o seu estado civil, género, tipo de instituições de ensino, certificados e duração do desemprego. No que diz respeito aos peritos, estes não quiseram mencionar os seus antecedentes nesta tese, mas concordaram em apresentar o nome dos sectores. As questões éticas são consideradas com a devida atenção ao apresentar os dados dos participantes na investigação.

3.4.5. Seleção de um local para entrevistas semi-estruturadas e discussões dos grupos de centragem

Ao realizar uma entrevista semi-estruturada ou uma discussão de grupo de centragem, o investigador pode eventualmente estar envolvido na criação de um espaço que permita aos participantes na investigação falar livremente sobre o tema em estudo (Crang e Cook, 2007). Em muitos locais, existem bibliotecas, centros comunitários, salões que alugam a baixo custo e alguns moderadores chegam mesmo a organizar encontros em casa de um participante do grupo. O essencial é escolher um ambiente que ajude os participantes a sentirem-se livres e capazes de falar sobre o assunto em questão (ibid.). Deixei a decisão de determinar o local aos participantes na investigação. Com os participantes na investigação (jovens licenciados desempregados), as entrevistas semi-estruturadas foram realizadas nos locais escolhidos por eles. Três escolheram ser entrevistados nas suas casas, cinco escolheram ser entrevistados em *Wolaita Gutara*[6] , os restantes quatro concordaram em ser entrevistados no local que eu seleccionei, e eu seleccionei para eles um quarto livre do meu tio na cidade de Sodo, que é livre de qualquer perturbação. Todos os participantes na investigação concordaram em realizar as discussões dos grupos de centragem na sala livre do meu tio, na cidade, depois de eu lhes ter falado nisso. As entrevistas de elite foram realizadas nos seus escritórios, de acordo com as suas preferências.

3.4.6. O processo de recolha de dados

Esta tese baseia-se em dados recolhidos na cidade de Sodo de 15 de junho de 2015 a 25 de agosto de 2015. Durante a preparação do trabalho de campo, o investigador teve de compreender a sua competência linguística com quem a investigação ia ser realizada. As competências, capacidades e oportunidades em linguística são elementos importantes no processo de investigação (Crang e Cook, 2007). Felizmente, uma vez que os participantes na investigação envolvidos nesta tese são licenciados e superiores, a recolha de dados foi realizada em inglês, que é a língua de ensino nas instituições de ensino superior da Etiópia. Nalgumas situações, para palavras e frases que não compreendiam bem, os participantes falaram na língua Wolaytta, que é a língua de trabalho da zona de Wolaita, onde se situa a área de estudo, e eu traduzi essas palavras e frases cuidadosamente, omitindo simplesmente os tiques verbais como 'uh' e 'ah'.

Nesta secção, são discutidos metodologicamente os métodos de investigação e a forma como os dados são recolhidos no terreno. Os métodos de recolha de dados são cuidadosamente escolhidos com base na sua utilidade para a tarefa (Bell, 1999), e a seleção dos métodos de investigação tem de decorrer logicamente das questões de investigação (Valentine, 2001). Os métodos de investigação específicos utilizados neste estudo são as entrevistas de elite, as entrevistas semi-estruturadas, as discussões em grupo e a observação direta. Estes instrumentos primários de recolha de dados foram apoiados por uma avaliação das fontes secundárias de recolha de dados. Estes métodos de investigação ajudaram-me a abordar as questões a que esta tese tenta responder.

3.4.6.1. Entrevistas de Elite

Decidi empregar esta técnica para recolher dados de especialistas em questões relacionadas com as MPE e os assuntos da juventude. As elites são indivíduos influentes e bem informados na organização ou na comunidade, e é suposto fornecerem informações relevantes para a investigação devido à sua experiência nos seus próprios domínios especializados (Marshall e Rossman, 2014). A vantagem deste método é que as elites podem fornecer dados valiosos para a investigação devido às suas experiências e pontos de vista, uma vez que conhecem as histórias, políticas e planos da organização

---

[6] Um edifício polivalente na cidade de Sodo que funciona como centro cultural, sala de reuniões, restaurante e café

nos seus sectores (ibid.). O desafio é que os indivíduos da elite são difíceis de contactar, uma vez que são pessoas ocupadas que trabalham com uma escassez de tempo desafiante (ibid.). Tal como mencionado, utilizei a *"Carta de Apresentação"* para estabelecer contacto com eles.

Dado que o indivíduo de elite é suscetível de ser entrevistado muitas vezes e tem uma experiência desenvolvida, também sabe como lidar com o processo em que a entrevista é realizada e, em particular, com o tempo atribuído à entrevista semi-estruturada do investigador. Dado o estatuto superior da elite, o investigador pode considerar que a pessoa é inacessível para qualquer pergunta de seguimento. O investigador deve ter o cuidado de estar preparado para abordar os pontos relevantes no início das entrevistas (ibid.). Através das minhas repetidas visitas aos seus gabinetes, estabeleci com eles uma forte relação positiva baseada na confiança. Estas entrevistas foram efectuadas em dois dias e ambientes diferentes. Ao falar com eles, dei ênfase aos trabalhos práticos efectuados para apoiar as MPE da administração local e às condições dos jovens licenciados na cidade. As entrevistas com cada perito numa entrevista de elite tiveram a duração de uma hora e, com o seu *consentimento,* foram tomadas notas exaustivas, bem como efectuada uma gravação áudio.

3.4.6.2 Entrevistas semi-estruturadas

As entrevistas semi-estruturadas começaram por colocar questões abertas, seguidas de sondagens para obter respostas mais profundas relativamente a raciocínios e atitudes básicos (Crang e Cook, 2007). Este método oferece uma oportunidade mais alargada de recolher dados sobre as opiniões, sentimentos, aspirações e experiências das pessoas (Lincoln e Guba, 1985; Kvale e Brinkmann, 2009). Ao fazer perguntas, o entrevistador ouve as suas esperanças, sonhos e receios; ouve as suas opiniões e pontos de vista pelas suas próprias palavras; e estuda a sua situação atual, a sua vida social e a sua família (Kvale e Brinkmann, 2009). Parece tão fácil fazer uma entrevista, mas é difícil fazê-la bem (Ibid.). A amizade construída entre mim e os meus participantes na investigação ajudou-me a criar uma atmosfera aberta e conversas significativas, que são importantes no processo de entrevista. Foram realizadas entrevistas semi-estruturadas com 12 (8 homens e 4 mulheres) participantes na investigação. Durante a fase de seleção e as entrevistas, os participantes na investigação foram informados dos objectivos da investigação e das *preocupações éticas.*

Um dos participantes na minha investigação, durante a entrevista, levantou a questão do estatuto de vida dos que já estão empregados no sector público, enquanto discutíamos as experiências de desemprego: *"Alguns dos meus amigos que trabalham no sector público estão aborrecidos e querem outras opções, como o comércio; o dinheiro que ganham não é suficiente para pagar a renda, comprar roupa; pedem dinheiro emprestado todos os meses; não há grande diferença entre mim e eles. Mas, seja como for, eles têm mais sorte do que eu"* (J, homem). Para além das perguntas pré-estabelecidas para a entrevista, esta ideia ajudou-me a perceber como é que os licenciados desempregados vêem a vida dos amigos que estão empregados no sector público. De acordo com Kvale e Brinkmann (2009), a entrevista semi-estruturada abre a porta para que os participantes na investigação falem sobre conceitos e questões que considerem essenciais, e apesar das perguntas previamente formuladas pelo entrevistador. Além disso, as entrevistas semi-estruturadas são mais adequadas para explorar atitudes, permitindo ao investigador aprofundar questões pessoais e sociais dos participantes na investigação (DiCicco-Bloom & Crabtree, 2006). No meu caso, utilizei perguntas de seguimento que me vieram à cabeça a partir do que os participantes na investigação estavam a dizer e reuni dados relevantes para este estudo. As entrevistas semi-estruturadas são muito pertinentes em circunstâncias em que o investigador pretende utilizar perguntas abertas para recolher informações em profundidade de comparativamente poucas pessoas em relação à diversidade de experiências e percepções (Longhurst, 2010). Por conseguinte, para responder a questões relacionadas com experiências de desemprego e atitudes de jovens licenciados em relação à criação de empresas em MPE, a seleção de um método de entrevista semi-estruturada foi apropriada e adequada.

A limitação desta técnica é que "não oferece aos investigadores um caminho para 'a verdade', mas oferece um caminho para percepções parciais sobre o que as pessoas fazem e pensam" (Longhurst, 2010:112). Além disso, se o entrevistador não for competente, registar os comentários dos participantes na investigação é uma questão delicada devido à grande diversidade de respostas e à sua complexidade (Bless, Higson-Smith e Kagee, 2006). Tendo consciência crítica das suas limitações, utilizei este método com grande cuidado, dada a natureza do tópico de investigação. Durante a realização das entrevistas, costumava gravar e tomar notas. Cada entrevista durou cerca de duas horas e, depois de terminada com êxito, agradeci-lhes a sua participação voluntária no estudo. Para aqueles que não foram entrevistados nas suas casas, paguei os custos de transporte do local de residência para o local da entrevista, uma vez que estava a utilizar o seu tempo, e providenciei café e chá para refrescar, de modo a criar um ambiente de entrevista conducente. Neste caso, vejo o trabalho de campo também como o local onde se fazem novos amigos.

3.4.6.3. Discussão em grupo (FGD)

De acordo com Liamputtong (2011), do ponto de vista metodológico, o GFD é constituído por um grupo de 6 a 8 indivíduos que provêm dos mesmos estatutos culturais e sociais ou que têm experiências ou preocupações inter-relacionadas. Além disso, Crang e Cook (2007) sugerem que o investigador deve selecionar os participantes da investigação com antecedentes semelhantes para as discussões dos grupos de centragem. Foi realizado um FGD com 6 dos meus participantes na investigação (4 homens e 2 mulheres). Todos os participantes da investigação no FGD partilhavam antecedentes semelhantes, como a etnia, o desemprego e a juventude.

O objetivo da realização de discussões de grupo de centragem não é chegar a um acordo sobre a questão discutida. Em vez disso, o objetivo é encorajar o leque de respostas diversas que oferecem uma maior compreensão das opiniões, percepções, atitudes e comportamentos dos participantes sobre o tema da investigação (Liamputtong, 2011). Incentivar a livre troca de opiniões entre os participantes na investigação é valioso para o êxito da recolha de dados para o estudo (Crang e Cook, 2007). É aconselhável que o moderador/ investigador se estabeleça como um profissional no processo, mas deixe os participantes serem os peritos no assunto (ibid.). Deixei-os ser peritos nos temas abordados e desempenhei o papel de facilitador. Deixei que os participantes na investigação "se exprimissem" no contexto do grupo, manifestando o meu apreço pelas suas contribuições.

Com a ajuda de um moderador de grupo, os participantes seleccionados para a investigação foram reunidos num determinado local, a fim de discutirem abertamente os pontos suscitados pelo investigador. A sala selecionada para a discussão dos grupos de centragem é confortável e não ameaçadora. É importante preparar instalações importantes, como chávenas de café, chá e outros refrescos para os participantes do grupo, porque os grupos podem estar à espera disso ou podem ter sede depois de falarem durante uma hora ou mais (Crang e Cook, 2007). Com isto em mente, preparei chávenas de café, chá, bebidas frias, água e frutas para criar um ambiente produtivo durante a discussão dos grupos de centragem. Após o início da conversa em grupo, usei o meu papel de "quebra-gelo" para os fazer sentir confortáveis e descontraídos, contando piadas. Também esclareci novamente os objectivos da investigação e as considerações éticas na linguagem que compreendiam. Depois, dei a todos a oportunidade de se apresentarem para os ajudar a conhecerem-se melhor. Isto ajudou muito a criar uma atmosfera aberta para a discussão em grupo. Por fim, apresentei o *guia temático* que tinha elaborado para me orientar na abordagem das questões de investigação.

É aconselhável tomar notas extensas logo que possível durante uma entrevista, quer o investigador grave ou não a entrevista e a discussão do grupo de discussão, devido a uma falha súbita do equipamento ou para registar qualquer coisa relevante que o gravador não consiga captar (Crang e Cook, 2007). Gravei a discussão e escrevi notas com o objetivo de captar toda a informação dos participantes na investigação. É recomendável certificar-se de que o gravador está a funcionar antes de iniciar a discussão dos grupos de centragem (ibid.). Verifiquei o meu gravador antes e durante o DGF para garantir que funcionava bem e para evitar quaisquer dificuldades relacionadas com isso. O tema da investigação não foi considerado uma questão sensível e os temas escolhidos foram bem abordados nas discussões dos grupos de centragem.

O FGD durou mais de 4 horas. Houve um total de três pausas de 30 minutos após cada 1 hora de discussão. Quando terminámos o debate, agradeci a todos os participantes na investigação. Paguei os custos de transporte dos participantes no FGD, uma vez que estou a usar o seu tempo, e convidei-os para almoçar em *Wolaita Gutara* e partimos.

A limitação da DGF é que alguns membros do grupo podem dominar os outros, talvez devido à sua educação, autoconfiança ou melhores competências linguísticas (Bless et al, 2006). Seleccionei indivíduos com antecedentes semelhantes para reduzir esta limitação. O FGD permite ao investigador recolher dados de um vasto leque de experiências partilhadas entre os participantes na investigação, mas, devido à natureza pública do processo, não permite que o investigador se aprofunde intensamente na visão dos indivíduos (DiCicco-Bloom & Crabtree, 2006). Consciente destas limitações, utilizei este método para obter dos participantes na investigação diversos pontos de vista e realidades vividas relativamente às questões em estudo. Felizmente, neste estudo, diria que a maioria dos participantes na investigação não se temiam uns aos outros e partilharam os seus pensamentos livremente neste estudo.

3.4.6.4. Observação direta

A observação direta é a técnica de recolha de dados mais comum num contexto de campo. É *"o registo de acontecimentos tal como observados por uma pessoa de fora"* (Bless et al, 2006:114). As observações directas concentram-se nas acções dos seres humanos, nos cenários físicos ou nos acontecimentos do mundo real. Observei a forma como as vagas eram anunciadas e onde os licenciados mais desempregados incluídos neste estudo passavam o seu tempo. Também foram recolhidas notas de campo através desta forma de observação direta. Foram captadas fotografias de vagas anunciadas, de obras de calçada (categorizadas como MPE) e outras imagens importantes como parte dos dados para o estudo. Duas fotografias foram utilizadas numa página de rosto[7] e 3 foram utilizadas na secção de análise. Utilizei este método para observar o funcionamento da MSE na área de estudo. Passei parte do meu tempo a ir a casas de *khat*[8] , casas de vídeo, casas de cinema, cafetarias e a andar na rua com jovens licenciados desempregados incluídos no estudo, de forma a que eles não soubessem se eu os estava a observar ou não, porque se soubessem que estavam a ser observados, poderiam comportar-se de forma diferente (ver também Bless et al, 2006). Este método também me ajudou a fundamentar o que diziam e onde passavam uma parte substancial do seu tempo.

3.4.6.5. Dados secundários

Os dados secundários incorporam recursos que já foram recolhidos para outro fim, que estão disponíveis e são fáceis de obter para outros fins. As ferramentas de dados secundários são significativa e principalmente cruciais para fundamentar e racionalizar a razão pela qual o tópico em

---

[7] A primeira imagem refere-se a muitos indivíduos, incluindo alguns dos licenciados desempregados incluídos nesta tese, à procura das vagas afixadas nas paredes, e a segunda refere-se à construção de calçada na cidade de Sodo, que é uma das actividades classificadas como MPE. Capturei ambas as imagens durante o meu trabalho de campo na cidade de Sodo, em julho de 2015.

[8] Planta com flor cuja folha é mastigada como estimulante, neste caso para esquecer más recordações e matar o tempo.

estudo é selecionado (White, 2010). Por conseguinte, os dados secundários são importantes para obter conceitos e ideias que não podem ser obtidos a partir de mecanismos de recolha de dados primários e para corroborar os dados recolhidos a partir de instrumentos de recolha de dados primários. Neste estudo, os dados secundários foram recolhidos em livros, artigos de revistas, informações governamentais, fontes da Internet, dissertações anteriores disponíveis na Internet e materiais relevantes para esta tese. Os dados secundários ajudaram-me a enquadrar os temas desta tese, bem como a apresentar os resultados e a análise.

3.5. Transcrição de dados

A transcrição consome muito tempo. É essencial arranjar tempo para uma entrevista e para a sua transcrição (Crang e Cook, 2007). Transcrevi os dados literalmente após cada entrevista. Isto ajuda a memorizar cada um dos acontecimentos durante a recolha de dados e contribui para a validade da transcrição (ver também Crang e Cook, 2007:84-86). Tive em consideração todas as questões *éticas* durante o processo de transcrição dos dados, e os nomes dos meus entrevistados foram substituídos por letras para garantir a sua *confidencialidade*. Verifiquei e assegurei-me de que a transcrição dos dados foi feita corretamente, ouvindo os gravadores e consultando as notas de campo.

3.6. Os desafios no terreno

Apesar de ter tido experiência na realização de investigação utilizando a metodologia qualitativa durante os meus estudos de licenciatura e de não ser uma novata neste domínio, o meu trabalho de campo não foi totalmente isento de limitações. No entanto, creio que estas limitações não afectaram seriamente o processo de investigação.

O primeiro desafio foi a burocracia pouco profissional. Passei mais de uma semana para obter uma carta oficial da administração da cidade de Sodo para efetuar o meu trabalho de campo. Mesmo para entregar o documento de que dispunham, alguns dos funcionários disseram *"venha amanhã"*. Em termos simples, a maior parte dos burocratas com quem me cruzei não foram cooperantes. Além disso, a falta de tempo e o regresso da Etiópia à escola impediram-me de apresentar todas as conclusões aos participantes na investigação antes da publicação para confirmação. Mas mostrei os dados transcritos nas diferentes ocasiões em que partilhámos tempo juntos, como o almoço e outras na cidade de Sodo.

O segundo desafio que enfrentei foi a falta de confiança de um dos meus participantes na investigação. Ele disse que os dados seriam utilizados para fins políticos. Fez uma pausa e perguntou-me: *"Será responsável se me prenderem por causa destes dados? (R Masculino),* e eu respondi que ninguém o identificará e prenderá, esclarecendo as preocupações éticas de *confidencialidade, pelo* que ele concordou e participou livremente.

Inicialmente, esperava que surgissem alguns desafios e preparei um horário flexível e abordei todas as entidades descrevendo claramente todos os objectivos da tese. No entanto, não foi feita qualquer alteração nos horários e isso não afectou o processo de investigação. Após a recolha bem sucedida de dados, organizei um almoço com os meus participantes na investigação e agradeci a todos os seus contributos.

3.7. Análise e generalização de dados

Os dados qualitativos podem assumir a forma de amplas notas de campo, centenas ou milhares de páginas de transcrições de entrevistas ou grupos de discussão, papéis, fotografias, e o investigador tem de encontrar um mecanismo para tratar a informação (Ritchie, Spencer e O'Connor, 2003). Assim, a codificação dos dados de campo é muito valiosa para o processo de investigação. Há três objectivos principais da codificação de material qualitativo: redução de dados, organização e criação de auxiliares de pesquisa e análise (Cope 2010:283). A codificação é utilizada neste estudo para reduzir os dados de acordo com temas-chave, para organizar os dados, para compreender os dados, para procurar dados para análise e para apoiar ou criticar as teorias e os conceitos estabelecidos (Cope, 2010). Os códigos analíticos são importantes para codificar os dados que reflectem um tema significativo na investigação (ibid.). De acordo com isto, procedi à redução dos dados, agrupando os dados recolhidos em temas-chave, através da criação de conceitos ou categorias relacionadas com base nos meus dados. A informação recolhida foi organizada em torno dos temas através da identificação de estruturas gerais em cada entrevista.

Não existem procedimentos claramente acordados para analisar dados qualitativos (Lewis & Ritchie 2003). Kvale (1996) defende três perspectivas diferentes de análise na interpretação de dados qualitativos: 'auto-compreensão', em que o investigador tenta articular os dados de forma resumida sobre o que os próprios participantes na investigação querem dizer e compreendem; 'compreensão crítica de senso comum', em que o investigador utiliza conhecimentos gerais sobre o contexto dos relatos para os colocar numa arena mais ampla; e 'compreensão teórica', em que a análise é posicionada num ponto de vista teórico mais amplo. A minha secção de análise de dados baseia-se na combinação destas três perspectivas. Os dados para análise foram obtidos a partir de transcrições, notas de campo, gravações, fotografias de campo e documentos valiosos.

Não existe um conjunto claro e estabelecido de regras básicas para as circunstâncias em que os resultados da investigação qualitativa podem ser generalizados (Lewis & Ritchie, 2003), mas a questão da generalização é um elemento importante a ter em consideração no estudo qualitativo (ibid.). A metodologia qualitativa que emprega uma abordagem fenomenológica *"não está tanto preocupada com generalizações para populações maiores, mas com a descrição e análise do contexto"* (Gray, 2004:28). Além disso, numa metodologia de investigação qualitativa, com poucos participantes de investigação seleccionados para um determinado estudo, é impossível traçar um quadro de generalização universal dependendo das opiniões de indivíduos isolados (Kvale e Brinkmann, 2009). Lincoln e Guba (1985) falam de generalização naturalista, que é uma forma de generalização mais intuitiva e empírica e que depende das experiências e sentimentos do próprio investigador. Este tipo de generalização é empregue na análise, para além dos pontos de vista, opiniões e interpretações dos participantes na investigação sobre as questões abordadas neste estudo. Neste estudo, os participantes na investigação eram licenciados que permaneceram desempregados durante um período de pelo menos um ano, e as elites eram também os especialistas no tema do estudo, o que, na minha opinião, fornece dados válidos.

3.8. Avaliação da investigação qualitativa

3.8.1. Posicionamento

No processo de produção de conhecimento, a posicionalidade do conhecimento é crucial (Rose, 1997). O investigador tem de ter em conta a sua própria posição e reconhecer a posição do participante na investigação e tem de incluir esta questão na sua prática de investigação (ibid.). Esta preocupação foi tida em conta durante o processo de investigação. Eu sou uma pessoa de dentro. Tenho a mesma cor, língua e etnia que os participantes na investigação, o que me posiciona como parte da comunidade Wolaita. Esta pertença à comunidade deu-me acesso fácil a alguns dados que não poderiam ser acessíveis a pessoas de fora, por exemplo, de outros grupos étnicos ou categorias linguísticas. Além disso, o facto de ser uma pessoa de dentro ajudou-me a contactar muitas pessoas que me apresentaram aos participantes iniciais da investigação.

3.8.2. Reflexividade

É também o mecanismo através do qual os investigadores reflectem sobre as suas próprias experiências (Mikkelsen, 2005). Trata-se mais de autoconsciência e reflexão de si próprio enquanto investigador e de representar o que realmente ocorreu durante o processo de investigação. A reflexividade é importante para posicionar o conhecimento e para tornar claras as circunstâncias que envolvem a recolha e a análise de dados (ibid.). Neste estudo, para alcançar uma reflexividade crítica, escrevi e documentei observações reflexivas e encontros, juntamente com as minhas noções e crenças, durante todas as fases do processo de investigação.

3.8.3. Personalidade

A personalidade engloba as aptidões para navegar na cena social da aldeia, o comportamento e a forma como se observa, a vontade de passar um bom bocado, a capacidade de ler várias situações, a resposta a vários acontecimentos, a manutenção de amizades, a emoção (Moser, 2008). É importante ter consciência da personalidade que pode ter um efeito positivo ou negativo sobre os investigados.

Discuti tudo abertamente e perguntei aos participantes na investigação todas as questões da forma mais clara possível. Isto ajudou-me a desenvolver uma relação e uma boa comunicação com os participantes na investigação. Estou consciente do meu papel de investigador e utilizei-me a mim próprio como um instrumento para obter conhecimentos. Utilizei os *pontos de vista éticos* em todas as fases da investigação e estive muito atento para garantir que os meus pontos de vista pessoais fossem indicados separadamente na tese. Relatei e interpretei as informações dos participantes na investigação, reconhecendo os seus pontos de vista e os meus separadamente.

3.9. Realização de investigação qualitativa válida

Os pontos fortes de uma abordagem qualitativa também devem ser reconhecidos na utilização de múltiplos métodos, várias citações pormenorizadas, discussões sobre a validade e apelos a corpos reconhecidos da literatura (Mikkelsen, 2005). Utilizei vários métodos de investigação para este estudo, como entrevistas semiestruturadas, DGF e observação direta. Além disso, os investigadores precisam de ser mais explícitos sobre o processo de investigação, incluindo a(s) justificação(ões) para, entre outras coisas, a seleção dos participantes na investigação, as mudanças básicas no curso da investigação e os processos analíticos (Baxter e Eyles, 1997; Lewis & Ritchie, 2003). Para avaliar a solidez deste estudo, forneci informações pormenorizadas sobre o processo de investigação.

3.10. Considerações éticas

Durante a investigação, o desenvolvimento e a prática de directrizes éticas são claramente essenciais (Crang e Cook, 2007; Kvale e Brinkmann, 2009). Neste sentido, as seguintes considerações éticas foram tidas em conta com o devido cuidado durante toda a fase da investigação.

3.10.1. Consentimento informado

O consentimento informado implica pedir o consentimento dos indivíduos para participarem numa determinada questão como um exercício da sua escolha, livre de qualquer elemento de fraude, engano, coação ou indução ou manipulação injusta semelhante (Berg, 1995:56). O investigador tem de se concentrar claramente na manutenção da dignidade e dos direitos dos participantes na investigação, fornecendo informações adequadas e suficientes sobre o que está a estudar para formar a base do consentimento e assegurar que o consentimento é dado voluntariamente (Flick, 2009). Discuti explicitamente os objectivos da investigação com os participantes na investigação. Os participantes na investigação devem fazê-lo de forma voluntária, sem qualquer forma de coação (Crang e Cook, 2007; Flick, 2009; Kvale e Brinkmann, 2009). Apresentei tudo o que dizia respeito à investigação da forma mais clara possível, e os dados foram recolhidos junto daqueles que se mostraram dispostos a participar no estudo de forma voluntária.

3.10.2. Confidencialidade e anonimato

Na investigação qualitativa, em que os participantes na investigação são conhecidos dos investigadores (mesmo que apenas de vista e com um nome de rua), o anonimato é quase impossível. Assim, é importante proporcionar aos participantes na investigação um maior grau de confidencialidade (Berg, 1995). Para garantir a confidencialidade dos participantes na investigação, as informações por eles fornecidas foram tratadas com grande cuidado. Guardei as notas de campo, as gravações e as transcrições originais num local seguro para garantir *a confidencialidade*. O seu acesso é restrito a outras pessoas para garantir esta diretriz ética, que indica que os dados relativos aos participantes são utilizados apenas num mecanismo que impossibilita que outros indivíduos identifiquem os sujeitos da investigação (ver também Flick, 2009). De acordo com o princípio ético da *confidencialidade,* os indivíduos que procuram as vagas na *fotografia da capa* não podem ser distinguidos.

3.10.3. Não causar danos

O investigador tem de garantir que os participantes na investigação não sofrerão danos devido ao seu envolvimento no estudo. É necessário proteger o investigador e os informadores da investigação de danos físicos, sociais ou psicológicos devido ao seu envolvimento na investigação (Dowling, 2010). Ao mostrar a carta da administração da cidade de Sodo, que indica que sou um investigador com autorização legal de uma instituição reconhecida, a maioria dos participantes na investigação confiou em mim e participou livremente. Além disso, também expressei aos participantes no estudo que tinham o direito de abandonar o processo de investigação em qualquer altura se não tivessem interesse (ver também Kvale e Brinkmann, 2009). Nenhum participante abandonou este estudo e todos os que foram seleccionados participaram com êxito no estudo.

3.11. Relações de poder

A dimensão do poder não pode ser eliminada da investigação qualitativa, uma vez que existe em todos os contextos sociais (Dowling, 2010). A responsabilidade do investigador durante a recolha de dados é reconhecer e negociar as relações de poder. Ao recolher dados, a responsabilidade do investigador deve ser a de não utilizar a posição de desvantagem de alguém para recolher informações (ibid.). No caso dos licenciados desempregados, no meu caso, não fiz qualquer promessa sobre a sua possibilidade de conseguir emprego ou de manter um ambiente favorável à criação de emprego, dependendo do seu envolvimento no estudo.

O facto de ser estudante na NTNU colocava-me num estatuto mais elevado, o que muitas vezes me fazia sentir mal e não tinha a certeza da sua influência no processo de recolha de dados. Esta diferença foi esbatida devido à forte relação que foi desenvolvida com os meus participantes na investigação. A diferença de estatuto em termos de educação entre "eu", como homem a fazer uma tese de mestrado, e "eles", como desempregados após a licenciatura, é facilmente observável. No entanto, posso argumentar que esta diferença permitiu a aprendizagem e a troca de informações. Os participantes na investigação sentiram-se capacitados no sentido em que sabiam mais do que ninguém sobre as suas próprias experiências de desemprego e atitudes em relação à criação de empresas nas MPE.

Depois de concluído o processo de entrevistas, perguntei a todos os participantes na investigação o que os tinha inspirado a participar no estudo e quase todos os licenciados desempregados sugeriram que a sua motivação era ajudar-me a concluir com êxito a minha tese, mas, ao mesmo tempo, quase todos pensavam que este estudo não influenciaria a política no terreno e os problemas práticos que enfrentavam, porque os resultados cairiam em saco roto. Estas opiniões fizeram-me sentir fraca e colocaram-me numa posição vulnerável como investigadora *"impotente"*, enquanto eles se viam numa posição de *"ajudantes"* (ver também Das, 2010).

Durante o trabalho de campo, eu próprio controlei algumas situações. Por exemplo, geri o tempo das entrevistas e dos debates dos grupos de centragem de acordo com o meu próprio plano. Por último, partilho a opinião de Howitt e Stevens (2005), que defendem que o estudo realizado deve melhorar a situação da comunidade investigada e da sociedade em geral. Para o efeito, distribuirei os resultados desta investigação, envidando todos os esforços possíveis, pelos organismos competentes da área de estudo, para ajudar a sociedade em geral e a população estudada.

3.12.Resumo

Esta secção discutiu as abordagens de investigação deste estudo. Entrevistas de elite, entrevistas semi-estruturadas, DGF, observação direta e avaliação de fontes de dados secundários são os principais métodos utilizados para recolher informações. O capítulo discutiu os pontos fortes e as limitações de cada método de investigação, a fim de fazer preparativos prévios para evitar ou minimizar as falhas que possam surgir do lado fraco de uma técnica de investigação específica. A triangulação dos métodos de investigação é uma estratégia valiosa para manter a fiabilidade dos resultados da investigação. Também foram feitas reflexões sobre o processo de trabalho de campo, incluindo os desafios. Por último, as discussões e a análise dos resultados nos capítulos de análise baseiam-se nos dados obtidos através dos métodos de investigação e/ou do processo de investigação abordados nesta secção.

CAPÍTULO 4: A ÁREA E O CONTEXTO DO ESTUDO

4.1. A área de estudo

4.1.1. Etiópia

Com uma população de 96,5 milhões de habitantes e uma taxa de crescimento populacional de 2,5% em 2014, a Etiópia é o segundo país mais populoso da África Subsariana[9] . É um dos países mais pobres do mundo, com um rendimento per capita de 550 dólares, mas é uma das civilizações mais antigas do mundo (ibid.). O país concebeu várias políticas de desenvolvimento para ultrapassar os seus desafios de desenvolvimento. O atual *Plano de Crescimento e Transformação Dois* visa transformar o país de uma economia agrícola para uma economia industrializada. Para este efeito, o governo adoptou um plano orientado para o crescimento do sector transformador e existe uma forte devoção à expansão das MPE, que tem sido considerada como um motor de criação de emprego e uma manifestação de uma economia dinâmica e florescente (ibid.). No país, as MPEs são identificadas como o berço natural do empreendedorismo.

A Etiópia compreende 9 estados regionais[10] e duas administrações municipais (República Democrática Federal da Etiópia (FDRE), 1995). De entre os 9 estados regionais, a área de estudo está localizada no Estado Regional das Nações, Nacionalidades e Povos do Sul (SNNPRS) da Etiópia O SNNPRS, situado na parte sul e sudoeste da Etiópia, é uma das zonas mais populosas do país, com uma densidade populacional de 142 pessoas por quilómetro quadrado. É uma região multinacional, que inclui 56 grupos étnicos diferentes com a sua própria localização física, língua, valores e identidades sociais. Atualmente, a região está dividida em 13 zonas[11] e 8 *Wereda* especiais[12][13]

Segundo a CSA (2007), a população total das SNNPRS é de 15 042 531 habitantes e a população total da zona de Wolaita é de 1 707 079 habitantes. A cidade de Sodo está localizada em Wolaita, um dos grupos étnicos e uma das zonas localizadas na SNNPRS. De acordo com a CSA (2007), a população total da cidade de Sodo é de 109.225 habitantes.

Em 2014, a taxa de desemprego urbano total estimada no país é de 27,8% e 18% para as pessoas com idades compreendidas entre os 20-24 e os 25-29 anos, respetivamente. No caso das SNNPRS, a taxa de desemprego urbano total estimada para as pessoas com idades compreendidas entre os 20-24 e os

---

[9] http://www.worldbank.org/en/country/ethiopia/overview

[10] O Estado de Tigray, Afar, Amhara, Oromia, Somália, Benishangul/Gumuz, **nações, nacionalidades e povos do Sul**, povos de Gambela e o povo Harari (FDRE, 1995)

[11] Benchi-Maji, Dawro, Gamo-Gofa, Gedeo, Gurage, Hadiya, Keffa, Kembata-Tembaro, **Wolaita**, Sidama, Silti, Sheka e South-Omo.

[12] Wereda é uma entidade administrativa abaixo da administração zonal e acima da kebele

[13] http://www.snnprs.gov.et/Regional%20Statistical%20Abstract.pdf

25-29 anos era de 21,7% e 12,7%, respetivamente (CSA, 2014).

4.1.2. Cidade de Sodo

Cidade de Sodo/Wolaita A cidade de Sodo está situada nas SNNPRS. Esta cidade é delimitada por 7 *kebeles* rurais[14] ; Bossa-Kacha a leste, Offa-Sore a sul, Kokote-Marachare a nordeste, Wareza-Shoho a oeste, Waraza-Gerera a sudoeste e Offa-Gandaba a sudeste e Damota-Waja a norte e noroeste. Nos últimos 10 anos, devido a estratégias de desenvolvimento abrangentes, estão a ser levadas a cabo diversas actividades de desenvolvimento e verifica-se um rápido progresso na cidade.

A cidade situa-se a cerca de 329 quilómetros de Adis Abeba, pela estrada Sodo-Hosanna-Butajira-Addis Abeba. A área da cidade é de cerca de 8.300 hectares. Geograficamente, a cidade está situada a 8° de latitude norte e 37° de longitude leste. A cidade de Sodo está situada a 2050 acima do nível do mar. As condições climáticas da cidade de Sodo estão próximas da zona temperada. A temperatura anual da cidade é de cerca de 18° c. A estação do inverno vai de março a abril e a do verão de maio a setembro. A precipitação média anual é de 180° c (Município de Wolaita Sodo, 2015).

O governo da cidade de Sodo considera os jovens como agentes activos do desenvolvimento e trabalha para garantir a sua independência e autossuficiência através da criação de condições favoráveis à criação de emprego. Na cidade, existem 14 escolas públicas, 30 escolas privadas, uma universidade pública, duas faculdades públicas e diversas faculdades e universidades privadas (Wolaita Sodo town municipality, 2015). Para além disso, a cidade de Sodo alberga diferentes bares que vendem bebidas alcoólicas, hotéis que fornecem serviços de alojamento, um mercado semanal e serviços de loja permanentes, centros recreativos, salas de cinema, um estádio de futebol e casas de vídeo.

Na cidade de Sodo, os rebanhos de cabras e ovelhas, bem como os burros com cargas pesadas, competem pelo asfalto e pelas estradas de paralelepípedos com o número crescente de pessoas, *bajajes (*riquexó de motocicleta), motocicletas, land cruisers brancos de funcionários do governo e de ONGs. Especialmente por volta das 12 horas da tarde, não há espaço para caminhar perto do centro da cidade. Sodo é a cidade com uma população densa e é um centro de negócios. As ruas de Sodo também estão repletas de crianças que vivem na rua, vendedores ambulantes, vendedores de lotaria, trabalhadores diários que transportam várias ferramentas, mulheres que vendem fruta, jovens que andam na rua em grupos, pessoas diversas que passeiam, mendigos, especialmente perto dos centros de mercado e locais religiosos, juntamente com os residentes e visitantes.

Nas SNNPRS da Etiópia, onde se situa a zona de estudo de Wolaita, a organização dos jovens no âmbito das MPE está orientada para múltiplos objectivos, como a luta contra o tráfico de seres

---

[14] A unidade administrativa mais baixa na estrutura do governo etíope

humanos, o crescimento económico e o combate aos problemas do desemprego dos jovens. Atualmente, na cidade de Wolaita Sodo, o desafio do desemprego juvenil está a aumentar rapidamente. O envolvimento dos jovens nas MPEs é suposto ser uma solução para ultrapassar o maior problema de desemprego juvenil (Wolaita Sodo town Municipality, 2015). *(Ver o mapa da área de estudo na página número iv)*.

4.2. O contexto do estudo

4.2.1. Desemprego dos jovens licenciados na Etiópia

A história da educação formal na Etiópia está particularmente ligada às ideias de modernidade e às ligações com o Ocidente (Zewde, 2002b). Como instrumento de modernização, diferentes administrações da Etiópia, a partir de 1930-1974 (regime imperial de Haile Selassie), 1974-1991 (regime marxista de Mengistu Haile Mariam) e 1991-agosto de 2012 (regime da Frente Democrática Revolucionária do Povo Etíope (EPRDF) de Meles Zenawi (Mains 2012), e agosto de 2012-presente (regime da EPRDF de Hailemariam Dessalegn), expandiram a educação pública em todo o país. Todos os regimes concordaram que a educação é um instrumento para transformar o país e alcançar um futuro melhor, investindo assim um montante significativo do orçamento do Estado no sector da educação. O público em geral está consciente do poder transformador da educação e investe a maior parte do seu capital neste sector, tal como referido na *secção introdutória*. De acordo com Krishnan (1998), na Etiópia, o ensino pós-secundário durante o regime de Mengistu (1974-1991) garantia emprego no sector público. No entanto, no atual regime da EPRDF (pós-1991), o emprego não é garantido pelo ensino pós-secundário. Atualmente, os jovens enfrentam não só a dificuldade de encontrar um trabalho produtivo, mas também de encontrar um trabalho seguro e adequado que satisfaça as suas expectativas (Broussard e Tekleselassie, 2012).

Jeffrey (2008) categoriza os jovens do Sul global em três grupos gerais que se enquadram bem na atual juventude etíope. O primeiro grupo de jovens inclui maioritariamente jovens do sexo masculino, que atingiram um elevado nível de educação e estão em melhor posição para encontrar um emprego desejado. Na Etiópia, os jovens que concluíram um curso pós-secundário de quatro anos conseguem obter um emprego seguro e bem remunerado na sua área de estudos. O segundo grupo de jovens inclui aqueles que não concluíram o ensino secundário. Nos centros urbanos, esta população jovem trabalha frequentemente por pouco ou nenhum dinheiro como trabalhadores manuais ou domésticos. No caso da Etiópia, os centros urbanos têm um maior número de jovens do sexo feminino neste grupo. Trabalham com pouca ou nenhuma segurança no emprego e ganham menos de um dólar por dia. A terceira categoria é constituída pela população jovem com pelo menos o ensino secundário, mas que continua sem emprego e é mais comum na Etiópia e no Sul global. Para estes jovens, o fosso entre as expectativas para o futuro e os factos económicos da realidade é particularmente grave (ibid.). Esta tese trata de jovens desempregados que tinham pelo menos um diploma universitário. Assim, a este respeito, os participantes da minha investigação (licenciados desempregados) enquadram-se na primeira e terceira categorias de Jeffrey (2008).

4.2.2. História do desenvolvimento das MPE na Etiópia: Dos anos 40 até hoje

Na Etiópia, a história do desenvolvimento do apoio institucional às MPE para o crescimento económico e o combate ao desemprego tem menos de um século. A apresentação que se segue mostra esta evolução em três regimes diferentes da Etiópia.

Regime de Haile Selassie (1930-1974): Durante as décadas de 1940 e 1950, a tentativa de apoiar o desenvolvimento das MPE estava ligada ao plano do governo de construir infra-estruturas institucionais e administrativas através do apoio à industrialização no país (Ministério do Desenvolvimento Urbano e da Construção (MUDC), 2013). Durante a década de 1960, todas as iniciativas empresariais foram registadas no Ministério do Comércio e da Indústria ao abrigo da *Proclamação de Registo de Empresas Empresariais n.º 184/1961*. O ministério coordenou as iniciativas empresariais de modo a apoiar a sua expansão e desenvolvimento (ibid.). Em 1966, foi garantido aos operadores de MPE o acesso a terrenos, edifícios, serviços públicos, benefícios fiscais e outros serviços administrativos e de consultoria ao abrigo da *Proclamação de Investimento n.º 242/1966* (Drbie e Kassahun, 2013). A outra proclamação desenvolvida durante esse período foi o *Aviso Legal de Regulamentação Industrial n.º 292/1971*, que concedeu às iniciativas de fabrico uma licença de curto prazo de 6 meses de legalidade e um direito permanente de exercer a atividade (ibid.).

Regime de Mengistu Hailemariam (1974-1991): Após a queda do regime de Haile Selassie, o regime socialista (1974-1991) controlou o país e nacionalizou empresas e firmas em todo o país (Ministério do Comércio e da Indústria (MCI), 1997). Os sectores privados foram marginalizados até à declaração da *Proclamação n.º 124/1977,* que criou a Agência para o Desenvolvimento do Artesanato e das Pequenas Indústrias (HASIDA) para promover o desenvolvimento de cooperativas nas MPE (Teshome, 1994). Os resultados da HASIDA não foram satisfatórios e o regime de então estabeleceu duas outras declarações para promover o desenvolvimento económico. Tratava-se do *Decreto Especial n.º 9/1989* sobre o Desenvolvimento da Indústria de Pequena Escala, que permitia a participação da diáspora, promovia o desenvolvimento de empresários individuais, cooperativas e a participação no desenvolvimento de empresas) e do *Decreto Especial sobre o Investimento n.º 17/1990,* que permitia que os indivíduos se aventurassem num número ilimitado de empresas e prometia oferecer incentivos (ibid.). Para pôr em prática os dois decretos, o governo criou o *novo Regulamento n.º 8/1990*, com a intenção de conceder licenças de curto prazo aos investidores que trabalham em MPE e de as transformar em licenças permanentes quando o seu projeto atingisse a fase de produção. No entanto, o regime foi derrubado do poder em 1991 e substituído pelo atual regime da EPRDF (ibid.).

Regime da EPRDF: Após a queda do regime militar, foram introduzidas reformas no sector público e o regime da EPRDF orientou-se para o desenvolvimento económico orientado para o mercado e o sector privado. A Proclamação n.º 41/1993 substituiu a *Proclamação n.º 124/1977* (Teshome, 1994). No entanto, a introdução de várias declarações não parece ter tido uma influência a longo prazo na contribuição das MPE para o desenvolvimento do país.

Em 1995, a EPRDF declarou a Industrialização Liderada pelo Desenvolvimento Agrícola (ADLI). Esta medida incentiva a facilitação das MPE (Drbie e Kassahun, 2013). Para ultrapassar as dificuldades de funcionamento das MPE, a EPRDF introduziu *a Proclamação n.º 40/1996*, que trata da criação de instituições microfinanceiras (Teshome, 1994). Com a esperança de alcançar o crescimento económico, reduzir o desemprego dos jovens e alcançar a equidade económica, o governo elaborou uma estratégia nacional de desenvolvimento e promoção das MPE em 1997 (MUDC, 2013). Posteriormente, as acções de promoção das MPE prosseguiram e o Conselho de Ministros criou a Agência de Desenvolvimento das Micro e Pequenas Empresas (ADM), ao nível federal e regional (ibid.). Em 2001, o EPDRF criou o MOYSC a nível federal e a nível dos níveis inferiores de governo. O MOYSC elaborou a Política Nacional da Juventude da Etiópia em 2004. A política promete aliviar o problema do desemprego dos jovens através da promoção do espírito empresarial (MOYSC, 2004).

De 2005 a 2010, o governo etíope levou a cabo o PASDEP (Plano de Desenvolvimento Acelerado e Sustentado para Acabar com a Pobreza), que reconheceu o crescimento e a expansão das MPE como um local natural para a criação de emprego (Nganwa et al, 2015). Ciente deste facto, o maior plano do país, o *Plano de Crescimento e Transformação I*, foi adotado pelo governo para o quinquénio 2010/11-2014/5 (ibid.). No *Plano de Crescimento e Transformação I,* as MPE foram consideradas como um fator significativo para o desenvolvimento industrial e previstas para apoiar a transformação fundamental da economia nacional (MoFED, 2010; Drbie e Kassahun, 2013). Apesar dos resultados encorajadores alcançados na promoção da expansão das MPE nos últimos dois anos, o elevado grau de desemprego e de pobreza nas zonas urbanas tem sido um desafio ainda por resolver (MoFED, 2010). Atualmente, o governo etíope lançou *o Plano de Crescimento e Transformação II*, com um horizonte temporal que vai de 2015/16 a 2020/21, para se basear nos pontos fortes e nas lições adquiridas com o *Plano de Crescimento e Transformação I.* No Plano de Crescimento e Transformação II, as MPE foram consideradas a estratégia central e prevê-se que criem 6 milhões de novos postos de trabalho no período mencionado[15] .

---

[15] http://utna.org/index.php/news/115-ethiopia-s-development-and-the-growth-and-transformation-plan-ii

Atualmente, no país, o apoio às MPE é prestado pelo governo a diferentes níveis (federal, regional e local), por organizações não governamentais (ONG), por organizações comunitárias e por instituições privadas (MOTI, 1997). Os ministérios a nível federal que apoiam a promoção das MPE com o objetivo de ultrapassar os problemas de desemprego dos jovens incluem os ministérios da Juventude e dos Desportos, da Habitação e do Desenvolvimento Urbano, do Trabalho e dos Assuntos Sociais, do Comércio, das Empresas Públicas, da Indústria, da Construção, da Ciência e da Tecnologia, da Educação, das Finanças e da Cooperação Económica e dos Serviços Públicos. Entre as agências com este objetivo contam-se as agências federais e regionais de MPE e a autoridade de supervisão das privatizações e das empresas públicas.

Todos eles criaram secções em cada um dos níveis de governo, desde o *kebele* até ao nível federal.

4.2.3. Resumo

Este capítulo apresentou questões gerais relativas à Etiópia, tendo em conta os temas de estudo, a cidade de Sodo, a sua localização, a população e a situação atual da cidade de uma forma contextual. Forneceu informações gerais sobre a situação da cidade de Sodo. Ao mesmo tempo, este capítulo também apresentou os contextos de estudo deste trabalho. O desemprego dos licenciados no contexto etíope e a história do desenvolvimento das MPE na Etiópia também foram discutidos, porque fornecem um pano de fundo que deve ser refletido na análise das experiências de desemprego dos jovens licenciados e das suas atitudes em relação ao arranque de um negócio nas MPE.

CAPÍTULO 5: TEORIA E REVISÃO DA LITERATURA RELACIONADA

5.1. Introdução

Neste capítulo, são apresentadas e discutidas teorias e literaturas pertinentes para o estudo das experiências de desemprego dos jovens licenciados e das suas atitudes face à criação de uma empresa em MPE.

5.2. Teoria do capital humano

A teoria do capital humano considera que os investimentos efectuados por um indivíduo em formação e educação determinam as suas hipóteses de obter um emprego após a escolaridade (Becker, 1993; Berntson, Sverke e Marklund, 2006). As competências obtidas através da educação representam capital humano e a teoria associa diretamente a educação aos rendimentos (Becker, 1962; Desjardins, 2014).

Para o crescimento a longo prazo de uma nação e para o combate ao desemprego, é vital garantir a preparação dos jovens para o seu futuro através do investimento no seu capital humano (Awogbenle e Iwuamadi, 2010). A educação também deve proporcionar um retorno futuro, como autonomias e mobilidade social ascendente, reconhecimento, segurança no emprego e outras vantagens em dinheiro e em espécie (Naafs, 2012). A teoria do capital humano também associa o desenvolvimento social positivo a um investimento crescente na educação (Olaniyan e Okemakinde, 2008). Becker (1993) incentiva o investimento na educação e na formação, considerando que este resulta em melhores rendimentos, melhor saúde, bons empregos e acções eficazes. No entanto, para muitos, as possibilidades de alcançar as suas expectativas através da educação são dificilmente realizáveis e muitos jovens permanecem em casa por um período de tempo incerto e longo sem conseguirem os empregos que desejam após uma escolaridade de longa duração (Jeffrey, 2009).

De acordo com Olaniyan e Okemakinde (2008), o investimento na educação aumenta a produtividade e ajuda a melhorar o nível de vida da sociedade. O seu estudo indicou que existe um forte investimento na educação na Nigéria, tal como em muitos dos países em desenvolvimento. A perceção pública de que o investimento na educação resulta num aumento do rendimento contribuiu para a expansão do ensino superior. Mas o paradoxo é que, na Nigéria, apesar de um investimento maciço na educação, há poucas provas do seu papel na promoção do crescimento económico. Recomendam que os pais não exijam a realização das suas expectativas de vida nos filhos, escolhendo profissões para eles ou propondo disciplinas que devam aprender, e que também não os inspirem ou apoiem na aquisição de certificados. Segundo eles, a educação na Nigéria não tem tido a influência esperada no crescimento económico (ibid.).

De acordo com a teoria, o investimento em educação é também considerado como um importante fator determinante da capacidade empreendedora. De acordo com Bula (2012), para além da essência empresarial e do capital de risco, o capital humano é um ativo individual essencial que pode ser utilizado para agir no sentido de criar uma empresa. A teoria do capital humano considera que a despesa em capital humano através do investimento em educação, formação e aquisição de competências é uma técnica que permite às pessoas empreender actividades empresariais de forma eficiente, produtiva e criativa (Raimi, 2015). As conclusões da Organização das Nações Unidas para a Educação, a Ciência e a Cultura (UNESCO) indicaram que prestar menos atenção à educação informal e ao desenvolvimento de competências relevantes para as empresas em fase de arranque em muitos países em desenvolvimento significa que existe uma grande escassez de oportunidades de emprego para os jovens (2012).

A teoria do capital humano é criticada pelo facto de considerar a educação como uma panaceia para o crescimento económico e o desenvolvimento. Expandir a educação em geral e a escolaridade em particular sem reformas estruturais que se concentrem na prestação de uma educação de qualidade é impossível melhorar a produtividade e atingir os objectivos sociais desejados (Fagerlind e Saha, 1997). A teoria também é criticada pela sua ignorância em relação à existência de um fosso crescente entre os esforços crescentes de aprendizagem das pessoas e a sua base de conhecimentos e o número decrescente de empregos adequados para empregar o stock de conhecimentos, particularmente nos países do Sul global (Olaniyan e Okemakinde, 2008:481). A este respeito, alguns defensores da teoria confirmaram que o aumento dos esforços de aprendizagem não resultou na produtividade e no crescimento económico devido a factores como o declínio da qualidade da educação e o sistema educativo politicamente moldado (ibid.). De um modo geral, confirma-se que uma população e uma força de trabalho bem formadas são importantes no processo de crescimento e desenvolvimento económico. No entanto, a acumulação de capital humano não é suficiente para garantir o sucesso, mas parece indubitavelmente essencial (Cypher e Dietz, 2004). Existe uma vasta gama de estudos realizados sobre os benefícios do capital humano; os economistas reconhecem atualmente que os indivíduos não utilizam eficazmente o seu capital humano (Acs & Armington, 2006). De acordo com Middleton, Adrian e Arvil (1993), o retorno do investimento na educação é fraco em muitos países em desenvolvimento devido a vários factores, tais como uma base económica deficiente que não abre uma maior oportunidade ao crescente exército de licenciados, má governação, baixo nível de educação, capacidade de formação e políticas económicas pouco atractivas que não incentivam os indivíduos e as empresas a investir na formação. Segundo Becker (1964), o capital humano de um indivíduo pode ser influenciado pela sua capacidade intrínseca, pela escolaridade, pela qualidade da escola, por investimentos não escolares e pela formação, bem como pelas condições anteriores ao mercado de trabalho.

Nesta tese, a perspetiva do capital humano é utilizada para compreender os pontos de vista dos jovens licenciados desempregados sobre as suas qualificações, a sua opinião sobre a qualidade do ensino e o que enfrentam na sua vida após a sua escolaridade de longa duração, tendo em conta o seu capital humano.

5.3. Transição da escola para o trabalho

A transição da escola para o trabalho é frequentemente considerada como um rito de passagem no qual os jovens instruídos são introduzidos no mercado de trabalho. Este processo de transição ocorre em fases da vida e é caracterizado como um período incerto e turbulento (Schwab, Rynes e Aldag, 1987). Um grande número de pessoas, em qualquer altura, procura e avalia as oportunidades de emprego disponíveis (ibid.). Os jovens que abandonam a escola têm de competir com aqueles que já adquiriram experiência no mercado de trabalho pelos empregos disponíveis. Um número considerável de indivíduos atualmente empregados também procura um novo emprego ou instituição (ibid.). Wolbers (2003) argumentou que, devido à falta de experiências de trabalho, muitos dos novos candidatos a emprego foram forçados a enfrentar o problema do desemprego.

Vários estudos explicam o comportamento de procura de emprego (Schwab et al, 1987; Kanfer, Wanberg, e Kantrowitz, 2001; Wolbers, 2003; Desjardins, 2014). O comportamento de procura de emprego está sobretudo e certamente relacionado com a motivação para encontrar um emprego. Enquanto padrão de ação intencional e deliberado, a procura de emprego começa com a identificação de oportunidades e o empenho em encontrar emprego (Desjardins, 2014). Os indivíduos que procuram emprego utilizam uma série de recursos sociais e pessoais e realizam uma série de actividades com o objetivo de conseguir um emprego. As variações pessoais em termos de interesses e talentos cognitivos têm um impacto provável na procura de emprego e nos resultados do emprego (Kanfer et al., 2001).

A procura de emprego pode ser vista como uma incidência comum, que os candidatos a emprego consideram como uma forma de investimento para conseguir o emprego dos seus sonhos no mercado de trabalho (Desjardins, 2014). A procura de emprego é também uma atividade que exige tempo e esforço para atingir um objetivo, que neste caso é encontrar um emprego (ibid.). Estudos anteriores identificaram estratégias de procura de emprego exploratórias, focalizadas e aleatórias (Stevens & Beach, 1996). A primeira, a procura exploratória de emprego, envolve a exploração de várias oportunidades de emprego através de várias fontes, como a família e os amigos, para conseguir um emprego. A segunda, a estratégia de procura de emprego focalizada, implica objectivos de emprego claros e a identificação de uma escolha de topo no início da procura de emprego. Os candidatos a emprego numa estratégia de procura de emprego orientada candidatam-se a empregos que se adequam às suas qualificações, interesses e necessidades. A terceira estratégia, de procura de emprego casual, implica uma tática de tentativa e erro, recolhendo passivamente informações para um emprego que pode ou não estar relacionado com as qualificações obtidas ou experiências anteriores. O objetivo é conseguir emprego no primeiro emprego aceitável que aparece, sem se preocupar com o seu tipo (ibid.). De acordo com Desjardins (2014), alguns jovens, no entanto, carecem de redes e oportunidades relevantes que são vitais no processo de encontrar um emprego. Outros podem não possuir as competências necessárias para encontrar um emprego, e/ou possivelmente necessitar de reconversão ou reeducação para se enquadrarem e explorarem as oportunidades que podem obter. Outras categorias de jovens podem ainda ter atribuído e decidido trabalhar em posições que são inferiores ao seu potencial real, devido a esperanças reduzidas sobre quaisquer oportunidades futuras e meios alternativos (ibid.). Além disso, a maioria dos jovens com formação académica depara-se com numerosas barreiras relacionadas com a formação e a educação ou com outros desafios nos mercados de trabalho (ibid.). Uma vez que os recém-licenciados entram no mercado de trabalho sem experiência profissional, o processo de procura de emprego é mais moroso para eles. De acordo com Moleke (2010), a procura de emprego demora mais tempo e pode ser superior a um ano para alguns licenciados africanos.

Os jovens com níveis de educação cada vez mais elevados podem não encontrar facilmente empregos que correspondam melhor às suas potencialidades. De acordo com Desjardins, o desajustamento de qualificações (ou desajustamento educativo) tem sido a teoria mais examinada do desajustamento, e *"refere-se a uma situação em que as qualificações educativas detidas por um trabalhador diferem daquelas que o empregador ou o trabalhador consideram necessárias para desempenhar adequadamente as tarefas associadas ao seu emprego - quer em termos dos requisitos no momento em que o trabalhador assumiu o emprego, quer em termos dos requisitos actuais do emprego"* (2014:1). O desajustamento educativo pode ser medido através de três opções: sobrequalificação (ou sobreeducação), subqualificação (ou subeducação) e qualificação ou educação exigida (ibid.). A sobrequalificação foi objeto de mais atenção do que a subqualificação e a qualificação exigida, e tem sido uma questão importante desde há vários anos. O conceito de sobre-educação tem, na sua maioria, os seguintes três significados: um declínio da posição económica dos indivíduos instruídos em comparação com posições historicamente avançadas, ou como antecipações não alcançadas do indivíduo instruído em relação às suas realizações profissionais, e como o estado em que a educação de um indivíduo é mais do que a qualificação exigida por um emprego (McGuinness, 2006). As principais deficiências dos estudos sobre a inadequação da educação são a dependência quase exclusiva de medidas de escolaridade centradas na quantidade e na qualificação, como os anos de escolaridade ou as identificações de conclusão do ensino (Desjardins, 2014). A tendência para ignorar o tipo de educação obtida, as competências efectivas adquiridas, as experiências de trabalho e o caso em que os indivíduos se envolvem, a formação formal e não formal, tanto dentro como fora do trabalho, ao longo da vida, resulta frequentemente numa compreensão restrita da inadequação (ibid.). Por conseguinte, as conclusões sobre a inadequação da educação têm sido interpretadas, em muitos estudos, como prova de que existe um sobreinvestimento na educação formal/qualificações e/ou de que o sistema educativo é ineficaz na aquisição das competências necessárias para o mercado de trabalho (ibid.).

A maioria dos jovens que não têm empregos adequados às suas qualificações é fortemente afetada pelo desemprego de longa duração. *"O desemprego de longa duração dos jovens significa, de facto, que os recém-chegados ao mercado de trabalho não têm emprego. Esta é uma forma segura de desqualificar os jovens formados, pois os rapazes e as raparigas tendem a esquecer tudo o que aprenderam nos anos anteriores devido à não aplicação dos conhecimentos durante muito tempo"* (Majumder, 2013:5). O desemprego de longa duração também reduz o potencial dos jovens para cumprirem a sua responsabilidade social (Mains, 2012). Os jovens desempenham um papel tremendo na construção e na formação do futuro de uma sociedade. São importantes para sustentar as perspetivas e os sistemas de valores de uma sociedade (Yu, 2004). Para que os jovens licenciados percebam o seu potencial para criar um futuro melhor para a sociedade, a responsabilidade de garantir aos licenciados "o direito ao trabalho", ou o fundamental de serem capazes de estar "na fila para um emprego" é uma obrigação, e com a falta dela, é muito possível que os conceitos "geração perdida" de Hemingway, "geração beat" de Ginsberg, e "geração arruinada" de Nanping caracterizem a juventude. Neste contexto, é pertinente a advertência de Friedrich Hayek, segundo a qual o problema existe quando o número de intelectuais ultrapassa a capacidade das oportunidades de emprego disponíveis. Os "proletários intelectuais", privados de esperanças futuras, são as principais causas de instabilidade política (Hayek 1997 citado em Yu, 2004: 8-9). Na Etiópia, está documentado que os jovens insatisfeitos contribuem para a instabilidade política no país (CSA, 2011).

Atualmente, uma formação superior não conduz inevitavelmente a uma transição fácil da escola para o trabalho. Com base no inquérito realizado pela OIT (2006), muitos jovens especificaram que o principal obstáculo para encontrar uma profissão é a ausência de profissões. A falta de experiência na procura de emprego pode contribuir para as elevadas taxas de desemprego entre os jovens. Em particular, nas economias em desenvolvimento, as ligações e redes informais são procedimentos muito predominantes na procura e obtenção de emprego (Kahraman, 2011).

5.4. Exclusão social

A atividade de procura de emprego é influenciada por redes, normas sociais e preferências locais (Campens, Chabe-Ferret, & Tanguy, 2012). As redes podem ser importantes para fornecer informações sobre as oportunidades de emprego disponíveis. As normas sociais devem obrigar as pessoas a procurar emprego em todo o lado devido a um efeito de vergonha. As normas sociais sublinham como a escolha de vida dos desempregados depende do comportamento dos outros em relação a eles, por exemplo, a pressão social, o estigma ou a aprovação social. Por outro lado, as preferências locais podem levar os desempregados a rejeitar empregos em locais demasiado afastados da família ou dos amigos (ibid.).

O desemprego perturba a configuração das redes sociais (Perttila, 2011). Vários estudos demonstraram também que o desemprego tem um impacto negativo nas redes sociais. De acordo com o estudo do Comité da Sociedade Civil (2006), citado em Perttila (2011:15), os finlandeses desempregados sentem-se rejeitados e estranhos. Este sentimento é uma experiência chocante e incapacitante. Como seres sociais, as pessoas querem basicamente sentir que pertencem a algo. O bom sentimento é um dos elementos básicos de uma boa vida. Uma pessoa que se sente excluída dificilmente será um cidadão ativo, influente e participante (ibid.). Os desempregados de longa duração tendem a ter menos laços com a família, os amigos e a comunidade (Perttila, 2011). Na maioria das vezes, as pessoas desempregadas são aquelas com fracos vínculos relacionais e menor grau de envolvimento em associações informais (Gallie, Paugam e Jacobs, 2003). No entanto, os laços sociais fortes são valiosos para a procura de emprego, ao passo que o inverso é verdadeiro para a exclusão social (ibid.).

Muitos académicos anteriores explicaram a importância dos conceitos de exclusão social para explicar os efeitos do desemprego na sociedade (Kronauer, 1998; Gallie et al, 2003; Kieselbach, 2003). De acordo com Kieselbach (2003), a União Europeia considerou o desemprego juvenil de longa duração como um fator que bloqueia a integração dos jovens na sociedade e conduz à exclusão social. Byrne (1999), argumentou que a exclusão social é integralmente dinâmica; ocorre no tempo, num momento da história, e define as vidas das pessoas e grupos que são desqualificados ou excluídos e das pessoas e grupos que não o são. A exclusão social resulta da soma e da interação de uma variedade de formas de exclusão: laboral, económica, institucional, cultural, social e espacial (Kronauer, 1998). Nesta tese, os seguintes tipos de exclusão são considerados relevantes:

Exclusão do mercado de trabalho - oportunidades limitadas de obter emprego e reação à situação retirando-se do mercado de trabalho. De acordo com a teoria da exclusão social, a principal causa da marginalização do mercado de trabalho está relacionada com as dificuldades estruturais com que os indivíduos se deparam no mercado de trabalho e que são reforçadas por experiências prolongadas de desemprego e não por deficiências de motivação dos desempregados (Gallie et al, 2003).

Exclusão económica - falta de meios de subsistência próprios e dependência de outros para obter os seus meios financeiros devido à falta de emprego. Este facto pode causar um sentimento de passividade e vergonha entre os desempregados (Bhalla e Lapeyre, 1997). De acordo com Sen (1975), o emprego é definido em termos de três elementos: rendimento, produção e reconhecimento. A abordagem económica da exclusão assenta principalmente nos dois primeiros elementos. O terceiro aspeto, o reconhecimento, é o crédito obtido por um indivíduo devido ao seu emprego, o que indica a dimensão social da exclusão (Bhalla e Lapeyre, 1997).

Exclusão por Isolamento Social - redução dos contactos sociais com muitos e limitação dos contactos com os seus pares numa posição igualmente marginalizada. De acordo com Clark (2003) o desemprego perturba sempre, mas o seu efeito é menor quando as pessoas desempregadas estão por perto. Campens et al. (2012) defende que os desempregados passam a maior parte do tempo com os seus pares que sofrem do mesmo problema. Isto resulta na redução das redes sociais relevantes. A falta de recursos materiais significa que se abstêm de vários eventos sociais e experimentam o sentimento de discriminação que pode resultar em isolamento social. A dimensão social da exclusão refere-se à falta de dignidade que é adquirida através do emprego e do acesso aos mercados de trabalho, o que é importante para a integração social (ibid.).

Estas diversas abordagens da exclusão social são vistas como coexistentes e geradoras de um círculo vicioso que resulta numa corrosão progressiva do estatuto social do indivíduo. Tem-se argumentado que o desemprego de longa duração conduz à exclusão, ao desespero e à incapacidade de planear o futuro (Bhalla e Lapeyre, 1997). A falta de emprego e de rendimentos implica também uma escassez de recursos para procurar emprego. Concomitantemente, as limitações de recursos diminuem o envolvimento em várias actividades sociais. Os efeitos desconcertantes da falta de emprego, combinados com a falta de recursos, deterioram as relações sociais de um indivíduo e aumentam o isolamento social. Dada a vitalidade da troca no reforço das relações sociais, as pessoas com falta de dinheiro têm dificuldade em manter os laços sociais anteriores e a amizade com os seus pares na comunidade. O aumento do isolamento social reforça sequencialmente a marginalização no mercado de trabalho, mantendo as pessoas afastadas de informações relevantes sobre oportunidades de emprego (Gallie et al, 2003).

Além disso, o desemprego prolongado pode conduzir a uma privação relativa, que se refere, de um modo geral, à visão que as pessoas têm do seu bem-estar em comparação com os outros (Mcmurtry e Curling, 2008). A privação relativa ocorre quando há uma diferença entre as antecipações de valor e as competências de valor de uma pessoa. Resulta em sentimentos de desespero, frustração, objeção e ressentimento, e pode ser um estímulo influente para actividades ilegais (ibid.). De acordo com Davis (1959), as pessoas experimentam uma privação relativa quando lhes falta uma determinada realização, percebem que outras pessoas semelhantes alcançaram essa realização, querem alcançar esse objetivo e sentem-se elegíveis para ter essa realização.

O conceito de exclusão social é útil neste estudo para conhecer a posição dos jovens licenciados desempregados na sociedade, a forma como lidam com o desemprego e as consequências do desemprego dos licenciados para eles e para a sociedade.

5.5. Juventude e esperança na época contemporânea

Existe um consenso geral sobre as mudanças consideráveis na vida das crianças e dos jovens atualmente. Na era contemporânea da informação, os jovens de todo o mundo têm acesso íntimo e atempado a certezas económicas sobre o país e o estrangeiro através de várias ferramentas da Internet e dos meios de comunicação social. Este facto pode resultar no aumento das expectativas dos jovens dos países em desenvolvimento em relação ao seu futuro, apesar das realidades sombrias vividas no seu país (Kahraman, 2011).

Mains (2012), na cidade de Jimma, no sudoeste da Etiópia, estudou 20 jovens desempregados e confirmou que, devido à rápida expansão da educação, ao acesso a várias fontes de comunicação social que apresentam imagens de ambos os mundos e às narrativas do governo sobre a modernização como meio de desenvolvimento, há um aumento das esperanças dos jovens em relação a trabalhos dignos, apesar das limitadas oportunidades de emprego disponíveis em casa. Com base nesta ideia, Mains salienta: *"Num contexto caracterizado tanto pelo declínio económico como pelo aumento do acesso à educação e aos meios de comunicação internacionais, esta combinação peculiar de desesperança e objectivos elevados é comum entre muitos dos jovens da crescente população mundial"* (2012:3). Afirma ainda que esta tendência não se limita à Etiópia, mas é comum à maioria dos jovens do Sul global. Na Etiópia, o desemprego é um obstáculo importante à concretização das aspirações dos jovens. Como os jovens não conseguiram concretizar as suas aspirações, ficam irritados com a sua incapacidade de fazer um balanço otimista da sua própria vida. Os medos e as dúvidas sobre o seu futuro são agravados pelo excesso de tempo livre causado pelo desemprego (Mains, 2012). Quando os empregos que esperavam não estão disponíveis, os jovens também podem optar por ficar desempregados em vez de trabalharem em posições mal pagas e empregos *de baixo estatuto*[16] . Muitos jovens não trabalham porque acreditam que as oportunidades de emprego disponíveis não os levariam a melhorar (ibid.). Como refere Schoof (2006:1), Juan Somavia, Diretor-Geral da OIT, defende que *"o empreendedorismo e a criação de empresas são... uma alternativa crescente para os jovens, cuja faixa etária enfrenta frequentemente um mercado de trabalho com taxas de desemprego de dois dígitos"*.

5.6. Relação entre desemprego e espírito empresarial

A correlação entre desemprego e espírito empresarial tem constituído um enigma complicado para os académicos (Arzeni e Mitra, 2008; Thurik, Carree, Van Stel e Audretsch, 2008). Os estudos empíricos indicam uma amálgama de ambiguidades e contradições no que respeita à relação entre desemprego

---

[16] Trabalhar numa calçada, aparar o cabelo, ser diarista e outros trabalhos braçais

e espírito empresarial. Thurik et al. (2008), apontam duas abordagens para explicar a relação entre os dois conceitos. Uma abordagem, a saber, o *impulso do desemprego, ou efeito de refugiado*, propõe que a escolha de se tornar empresário é uma reação ao facto de se estar desempregado e de se ter esperança em futuras oportunidades de emprego. É também conhecida como *"teoria da escolha do rendimento"*, que sugere que o aumento do desemprego leva ao aumento das actividades de criação de empresas. O elevado nível de desemprego incentiva mais pessoas a criarem as suas próprias empresas. Assim, de acordo com este ponto de vista, existe uma correlação positiva entre o espírito empresarial e o desemprego. Uma outra abordagem, nomeadamente o *"efeito empreendedor"*, sugere que o espírito empresarial contribui para a redução do desemprego devido ao facto de criar novas empresas (ibid.). A decisão individual de criar as suas próprias empresas diminuirá o problema do desemprego a nível macroeconómico. Tem-se argumentado que os desempregados tendem a possuir um nível mais baixo de capital humano e de dotação empresarial essencial para iniciar e criar uma nova empresa, o que indica que um elevado grau de desemprego está relacionado com um baixo número de iniciativas empresariais (Arzeni e Mitra, 2008). Um baixo grau de empreendedorismo pode também ser o resultado de uma baixa taxa de crescimento económico, que também aponta para um nível mais elevado de desemprego (ibid.).

Compreender a correlação correcta entre desemprego e empreendedorismo é valioso para os decisores políticos, na medida em que estes decidem se, e como, estimular o empreendedorismo enquanto se esforçam por reduzir o desemprego (Thurik et al, 2008). Nesta tese, gostaria de clarificar as atitudes dos licenciados desempregados em relação à criação de uma empresa em MPE, o que seria importante para a intervenção dos organismos competentes na procura de formas de ultrapassar ou reduzir os problemas de desemprego dos licenciados. Estas abordagens são igualmente úteis para documentar se o desemprego está ou não a empurrar os jovens licenciados para a criação de empresas em MPE.

5.7. Empreendedorismo através das MPE

"Historicamente, o espírito empresarial é uma das actividades mais antigas. Descobrir ou identificar novas possibilidades de negócio e explorar essas possibilidades em novos empreendimentos para obter ganhos económicos sempre foi importante na vida humana" (Landstrom, 2005:3-4). No início do século XXI, o empreendedorismo dos jovens tornou-se uma das principais atenções das políticas públicas. Quando a economia assalariada não consegue satisfazer as aspirações dos jovens, o empreendedorismo foi considerado como outra oportunidade vital (Arzeni e Mitra, 2008).

De acordo com Murata (2014), o crescimento económico abrangente poderia ser alcançado mudando os interesses profissionais dos jovens para um sector privado prospetivo, que é uma fonte vibrante de emprego para muitos, em vez de colocar esperanças apenas no sector público sobrecarregado. Tesfaye (2014) salientou que, face ao agravamento dos problemas de desemprego e à crise económica, as

MPE foram identificadas como uma solução fundamental para proporcionar oportunidades de emprego a muitas pessoas na Etiópia.

O que mais importa para a promoção das MPE no seu contributo para a criação de emprego e o desenvolvimento económico não é apenas a disponibilidade de recursos financeiros e o ambiente sociopolítico, mas também a atitude das pessoas (Aremu e Adeyemi, 2011). Além disso, de acordo com a Organização para a Cooperação e Desenvolvimento Económico (OCDE) (2013), factores como a cultura do empreendedorismo, o quadro regulamentar, a capacidade de empreendedorismo, as condições de mercado e o acesso ao capital financeiro, a criação e a difusão de conhecimentos sobre empreendedorismo influenciam a fundação de novos empreendimentos e são importantes para a criação de empresas.

5.8. Papel do ensino baseado no empreendedorismo no desenvolvimento das MPE

A educação baseada no empreendedorismo e o conhecimento empresarial só podem influenciar as intenções empresariais se alterarem as percepções e atitudes centrais, tais como a autoconfiança empresarial percebida e o interesse percebido no autoemprego (Iqbal, Melhem, & Kokash, 2012). Há uma opinião de que os conhecimentos empresariais podem ser alcançados através da educação e formação formais que apoiam a obtenção de pensamentos, talentos e consciência psicológica a serem praticados durante o início e desenvolvimento dos seus projectos (Isaacs, Visser, Friedrich, e Brijlal, 2007). Assim, as instituições de ensino podem desempenhar um papel significativo no avanço e no desenvolvimento dos hábitos e da orientação empresariais das pessoas, dotando-as das competências necessárias, como a inventividade, a formação para criar empregos em vez de esperar por outros organismos empregadores, tornando-as capazes de utilizar todas as oportunidades através das actividades necessárias de criação de consciência, do locus de controlo e da investigação para chegar a outros na sociedade (Emmanuel, Adejokel, Olugbenga e Olatunde, 2012).

Atualmente, a Educação e Formação para o Empreendedorismo (EET) está a ganhar popularidade devido aos interesses das principais partes interessadas, como os motivos dos decisores políticos para a criação de emprego, os interesses dos estudantes que procuram novas oportunidades, dado que o número de empregos disponíveis é reduzido em comparação com o número de licenciados, e o interesse das instituições de ensino em satisfazer os decisores políticos e o mercado estudantil através da oferta de cursos (Valerio, Panton e Robb, *2014). "EETrepresenta a educação académica ou intervenções de formação formal que partilham o objetivo geral de fornecer aos indivíduos as mentalidades e competências empresariais para apoiar a participação e o desempenho numa série de actividades empresariais"* (Valerio et al, 2014:21). Está documentado que, a competência para o empreendedorismo pode ser obtida através da educação formal e pode ajudar um indivíduo a adquirir conceitos, consciência mental e habilidades que são relevantes para iniciar e desenvolver um novo empreendimento (Srinivasan, 2014). Confia-se que a educação para o empreendedorismo dota os indivíduos de formação, conhecimentos e experiências valiosos que são importantes para utilizar as oportunidades empresariais. O governo do Zimbabué, por exemplo, oferece educação para o empreendedorismo em instituições terciárias com o objetivo de aumentar a capacidade de inovação e a criatividade dos licenciados depois de o país ter enfrentado o aumento do nível de desemprego (Mauchi et al., 2011)

O empreendedorismo não está limitado a nenhuma categoria etária, classe, religião ou comunidade. Qualquer indivíduo que tenha atitudes e comportamentos positivos pode tornar-se um empresário (Gordon e Natarajan, 2009). Pensa-se que os indivíduos dotados de melhor capital humano têm mais hipóteses de reconhecer e explorar novas oportunidades (ibid.).

Os sectores do ensino superior, em particular as universidades, foram condenados por não educarem os jovens para adquirirem competências valiosas em África (Soni, Hay, Karodia e Shaikh, 2014). As instituições de ensino foram convidadas a promover a aprendizagem do empreendedorismo. Têm de ministrar uma educação para o empreendedorismo baseada na partilha de experiências de empresários do mundo real a vários níveis, desde o nível local ao multinacional. Têm de fornecer não só conhecimentos, mas também diversas competências práticas que possam ultrapassar as disparidades entre a oferta e a procura de mão de obra (Laura, 2014). No meu estudo, para abordar a questão de saber qual o nível de conhecimento que os jovens licenciados adquiriram através da sua educação formal relativamente à criação de emprego nas MPE, esta secção fornece uma base útil.

5.9. Ambiente favorável à criação de emprego

O processo de empreendedorismo é inquestionavelmente influenciado pelos factores ambientais que o rodeiam (Bull e Willard, 1993; Gnyawali e Fogel, 1994). O ambiente pode ser favorável ou pode criar dificuldades. De acordo com Bull e Willard (1993), se o ambiente social valorizar o espírito empresarial, é muito provável que os indivíduos sejam estimulados e se sintam capazes de iniciar um novo projeto. Gnyawali e Fogel (1994) indicaram que, para além do ambiente social, os conhecimentos e as competências, bem como as várias oportunidades disponíveis, são factores determinantes no desenvolvimento de um processo de empreendedorismo. As condições ambientais moldam as crenças e atitudes das pessoas, que por sua vez moldam as suas opiniões, perceções e comportamentos em relação ao empreendedorismo (Raimi, 2015).

De acordo com Tesfaye, 2014, o problema do desemprego entre os licenciados da Meserak TVET College em Addis Abeba é causado pela falta de serviços de aconselhamento e orientação suficientes para os licenciados em causa utilizarem as oportunidades das MPE, pela fraca cultura e má atitude da sociedade em relação aos empregos das MPE, pela ausência de estudos atempados orientados para as empresas, pela fraca ligação entre as instituições de ensino e de emprego e pela falta de apoio adequado aos licenciados das suas instituições anteriores em matéria de conhecimentos empresariais.

Os governos podem influenciar o ambiente empresarial direta ou indiretamente, quer fornecendo apoio, quer tornando-se obstáculos (Minniti, 2008). O ambiente institucional no qual as decisões empresariais são tomadas é influenciado pela política governamental. As políticas do governo enquadram as estruturas das instituições para os empreendimentos empresariais, inspirando algumas acções e deprimindo outras (ibid.). O desejo e a capacidade de iniciar uma nova empresa podem ser melhorados se não existirem obstáculos para os potenciais empresários durante o processo de arranque e se os potenciais empresários estiverem convencidos de que o apoio externo pode ser facilmente encontrado quando essencial (Gnyawali e Fogel, 1994).

5.10. Abordagem analítica

- Analisar a primeira questão de investigação: *"Quais são as qualificações dos jovens desempregados diplomados e como são as suas experiências de procura de emprego na área de estudo"?*

Esta tese analisa as experiências de procura de emprego dos jovens licenciados. A teoria do capital humano e os conceitos de transição da escola para o trabalho são utilizados para analisar a primeira questão de investigação.

• Analisar a segunda questão de investigação: *"Como é que os jovens desempregados diplomados vivem o desemprego"?*

Este estudo analisa a natureza do desemprego dos licenciados na área de estudo, as realidades vividas pelos licenciados desempregados e as suas aspirações, tendo em conta conceitos importantes como a exclusão social, o capital humano, o desemprego e o empreendedorismo.

• Analisar as questões de investigação três e quatro: *"Quais são as oportunidades e os obstáculos à criação de empresas nas MPE"? E 'Quais são as suas atitudes em relação à criação de empresas nas MPEs'?*

As MPE são consideradas como um local natural de empreendedorismo pelo seu potencial de criação de muitos postos de trabalho. Se assim é, porque é que os jovens licenciados desempregados não escolhem as MPE como opção e vivem no desemprego durante um período de tempo indeterminado? Analisarei as oportunidades disponíveis para a criação de empresas nas MPE e as barreiras que impedem os jovens licenciados de aproveitar essas oportunidades nas MPE. Conceitos como o nexo entre desemprego e empreendedorismo, o empreendedorismo através das MPE, o papel da educação formal na promoção das MPE e o ambiente favorável à criação de emprego são utilizados para identificar as oportunidades e os obstáculos à criação de empresas nas MPE. Os mesmos conceitos são utilizados para responder à última questão de investigação, que consiste em analisar as suas atitudes, que podem ser negativas ou positivas, em relação às empresas em fase de arranque nas MPE.

5.11.Resumo

Este capítulo apresenta uma explicação das teorias, conceitos e revisões da literatura utilizados no estudo. A teoria do capital humano é discutida para analisar as competências que os licenciados deste estudo adquirem com base nos seus investimentos na educação. Conceitos como a transição da escola para o trabalho e a exclusão social são utilizados para analisar as experiências de procura de emprego e de desemprego dos jovens licenciados. Ao mesmo tempo, este capítulo apresentou revisões da literatura relevantes para analisar as atitudes dos jovens licenciados desempregados em relação à criação de empresas em MPE, incluindo a juventude e a esperança na era contemporânea, o nexo entre desemprego e empreendedorismo, o empreendedorismo através das MPE, o papel da educação formal no desenvolvimento das MPE e o ambiente favorável à criação de emprego. A abordagem analítica descreve a teoria, o conceito e a revisão da literatura utilizados para analisar as questões de investigação desta tese.

CAPÍTULO 6: EXPERIÊNCIAS DE PROCURA DE EMPREGO

6.1. Introdução

Este capítulo apresenta as oportunidades de emprego na área de estudo, os desafios e as experiências que os jovens licenciados enfrentaram na procura de emprego. As questões abordadas neste capítulo tentam responder à primeira pergunta de investigação, "Quais são as qualificações dos jovens licenciados desempregados e como são as suas experiências de procura de emprego na área de estudo"?

6.2. Oportunidades de emprego

Os dados recolhidos nas discussões dos grupos de centragem, nas entrevistas semi-estruturadas e nas entrevistas de elite revelaram que, na cidade de Sodo, as oportunidades de emprego são proporcionadas por várias instituições públicas e privadas, desde gabinetes governamentais, faculdades governamentais, Universidade Wolaita Sodo[17] , Organizações Não Governamentais (ONG), organizações de base comunitária e numerosas escolas, desde o ensino primário ao superior. Vários investidores que trabalham em diversos projectos de desenvolvimento também proporcionam uma série de oportunidades de emprego, desde empregos *de colarinho branco* a empregos braçais para indivíduos à procura de emprego. De acordo com as entrevistas com a elite, as MPE são atualmente consideradas pelo governo como uma das várias oportunidades de emprego na região. Este facto é igualmente confirmado pelos dados recolhidos junto dos participantes na investigação durante as discussões dos grupos de centragem e as entrevistas semi-estruturadas. Como sou um *insider* e de acordo com os meus conhecimentos, na cidade não existem grandes e médias indústrias que acolham a mão de obra em rápido crescimento. Além disso, existem sectores públicos, ONG, indústrias, bem como instituições privadas que oferecem muitos empregos noutras partes da Etiópia, mas a questão da etnia e da língua foi utilizada como mecanismo de exclusão de pessoas de fora, como afirmaram alguns dos participantes na investigação durante a discussão dos grupos de centragem. Vários dos meus participantes masculinos na investigação, tanto nas discussões dos grupos de centragem como nas entrevistas semiestruturadas, argumentaram que há vários dos seus familiares e amigos com diplomas e graus académicos da cidade de Sodo que estão a trabalhar em diferentes empregos *de colarinho branco* noutras partes da Etiópia, particularmente em empregos que não exigem competências linguísticas locais, como as profissões de ensino que requerem a língua inglesa, e também em empregos do sector público ou privado nos gabinetes do governo federal e noutras partes da Etiópia onde a língua de trabalho é o *amárico*[18] . Mains (2012) argumentou que, na

---

[17] Uma universidade pública na Etiópia criada em Wolaita Sodo em 2007
[18] Língua de trabalho da República Federal Democrática da Etiópia

Etiópia, as pessoas que concluíram um curso universitário de quatro anos conseguem normalmente encontrar um emprego profissional e mais bem pago no domínio da sua preparação. No entanto, atualmente já não é esse o caso. Os sectores público e privado não conseguem, por si só, absorver um elevado número de pessoas que procuram emprego. Um dos participantes na minha investigação, que completou um curso universitário de quatro anos e está em casa há mais de um ano, contou durante a entrevista como é difícil conseguir um *emprego de colarinho branco* para os jovens licenciados de hoje. Esta constatação está em conformidade com o estudo de Moleke (2010), que argumenta que, para alguns dos licenciados africanos, é necessário um período mais longo, que pode ser superior a um ano, para encontrar um emprego. De acordo com os meus conhecimentos sobre a área de estudo, estes casos são de facto comuns. Encontrar o trabalho que desejam é difícil para muitos, independentemente de o indivíduo se ter licenciado num curso de três anos ou mais de uma faculdade ou universidade.

6.3. À procura de emprego depois da licenciatura

Na Etiópia, depois de concluir com êxito um curso superior, é comum a maioria das pessoas realizar uma cerimónia de graduação, convidando familiares, amigos, vizinhos e membros da igreja. No entanto, alguns não querem fazer a cerimónia porque estão preocupados com o mundo confuso em que conseguir um emprego *de colarinho branco* é muito difícil e querem fazer a cerimónia de formatura depois de conseguirem o emprego que desejam. Além disso, durante uma entrevista, um desempregado também revelou que queria prolongar a sua estadia na universidade sem se formar, uma vez que o ensino é gratuito e o governo fornece dormitórios e alimentação sob a forma de partilha de custos para os estudantes de uma faculdade ou universidade pública. *Sei que vou ficar desempregado. O que tentei fazer foi atrasar a minha formatura, reprovando intencionalmente numa disciplina. Mas, sem saber, passei em todos os exames e formei-me. O que está a acontecer na minha vida é a coisa que eu temia durante a minha vida no campus.* "(J, homem). Os dados das discussões dos grupos de centragem também sugerem que a maioria dos participantes na investigação deseja regressar à sua vida escolar anterior, em vez de se debater com os desafios de encontrar um emprego ou de criar o seu próprio negócio depois de obter uma licenciatura bem sucedida.

Em geral, depois de um breve descanso com a família e os parentes após a conclusão do curso, muitos jovens dirigem-se aos sectores público e privado para obterem informações sobre empregos profissionais e procurarem vagas; alguns limitam-se a entregar o seu Curriculum Vitae e a carta de apresentação na esperança de uma futura vaga; outros permanecem em casa e seguem as informações dos amigos sobre as vagas de emprego ou permitem que os irmãos sigam novas vagas; e outros ainda não fazem nada e não sabem como proceder para obter os empregos adequados às suas qualificações, como mostram os dados das entrevistas e dos debates dos grupos de centragem.

De acordo com os participantes na investigação, na cidade de Sodo, as vagas de emprego são procuradas olhando para os muros e postes eléctricos nas ruas da cidade, ouvindo os vários anúncios através dos meios de comunicação social, como a televisão e a rádio, lendo os jornais disponíveis na cidade (como o "Ethiopian Reporter", o "Addis Zemen", o "The Ethiopian Herald"), revistas diversas, navegando na Internet e telefonando a amigos e antigos colegas de turma para saber informações sobre empregos adequados às suas qualificações. De acordo com os dados das entrevistas e das discussões dos grupos de centragem, as experiências de procura de emprego utilizadas pelos participantes na minha investigação enquadram-se, na sua maioria, nas estratégias de procura de emprego "exploratória" e "focalizada" (Stevens & Beach, 1996). No entanto, como alguns dos participantes na investigação revelaram durante as entrevistas e as discussões dos grupos de centragem, procuram vagas para serem contratados em qualquer sector público ou ONG com qualquer tipo de emprego, quer esteja relacionado com as suas qualificações ou não. Como afirmaram, o seu principal objetivo é a independência económica. Neste caso, a estratégia de emprego seguida por alguns dos participantes na minha investigação enquadra-se na estratégia de procura de emprego "casual" (ibid.). Assim, as três estratégias de procura de emprego discutidas na secção teórica são utilizadas pelos meus participantes na investigação e consideradas úteis.

Como revela a entrevista com os meus participantes na investigação, a posse individual de recursos desempenha um papel importante no processo de procura de emprego. Observou-se que muitos dos participantes na investigação não tinham meios para aceder à Internet para se manterem em contacto com as novas actualizações de ofertas de emprego, nem para comprar jornais. Além disso, acompanhar os anúncios de novas vagas na televisão e na rádio é incomportável para muitos desempregados. Esta conclusão é semelhante ao estudo de Dale (2014) sobre *as experiências de desemprego dos jovens em Adis Abeba,* que indicou que os jovens desempregados não têm dinheiro para comprar jornais, ler livros, rádio e televisão e não podem pagar o acesso à Internet, que são importantes para os seus processos de procura de emprego e valiosos para o seu desenvolvimento pessoal também. Neste estudo, tal como revelam os dados das entrevistas e das discussões dos grupos de centragem, aqueles que não dispõem dessa informação através dos vários meios de comunicação social afirmam que dependem estritamente das ofertas de emprego afixadas nas paredes e nos postes eléctricos da cidade. De acordo com a minha observação durante os meus passeios diários pela cidade, foi surpreendente o facto de não haver um quadro de avisos para anúncios de vagas. Fiquei a saber que a forma como as vagas eram anunciadas nas ruas e partes da cidade tinha aberto a porta à corrupção e à remoção ilegal por parte de quem as via pela primeira vez. Alguns dos participantes na investigação revelaram que existe o receio de que os espectadores da primeira vez não queiram que outros concorram às vagas de emprego e que removam as vagas durante a noite. Em relação à corrupção, alguns dos participantes da pesquisa em entrevistas revelaram que algumas autoridades não colocam uma vaga quando querem fazer um favor para aquele que dá suborno, ou, por outro tipo de afiliação. As fotos da *figura 2* (Foto de campo, julho de 2015) abaixo indicam a forma como as vagas de emprego são anunciadas na cidade.

Figura 2: Anúncio de vagas no poste elétrico e na parede na cidade de Sodo

Tudo isto acontece depois de terem concluído uma exigente formação universitária ou universitária e de os jovens licenciados se depararem com as tensões e as dificuldades de procurar um emprego *de colarinho branco* e de serem recusados por outro candidato. Esta fase é um ponto de viragem crítico na transição da escola para o trabalho. Apenas um pequeno número de pessoas é bem sucedido e muitas são forçadas a voltar atrás depois de tentarem muitas candidaturas e de receberem rejeição atrás de rejeição. Um participante na investigação, durante uma entrevista, disse: *"Quando não sou bem sucedido depois de concorrer, sinto-me sem esperança e parece-me o fim do mundo"* (B, Mulher). Deve, no entanto, salientar-se que a transição da escola para o trabalho não é um passo único e um processo linear, como alguns jovens licenciados podem supor. Wolbers (2003), refere-a como um período indeterminado e turbulento. A transição da escola para o trabalho é acidentada para muitos. O período de procura de emprego, misturado com preocupações e confusão, prejudica as futuras aspirações de emprego dos jovens com formação académica e resulta na perda de conhecimentos adquiridos através de uma educação formal, o que também é discutido no próximo capítulo, na secção *Custos do desemprego dos jovens licenciados*.

Wolbers (2003), argumentou que a falta de experiências de trabalho força muitas pessoas ao desemprego. Este facto também é confirmado pelo meu estudo. De acordo com os dados das entrevistas e das discussões dos grupos de centragem, para algumas vagas, a falta de experiência fez com que fossem rejeitados ou afastados durante a fase inicial de seleção, quando concorrem a empregos profissionais, em comparação com aqueles que já acumularam uma variedade de experiências. Observei que a maior parte das vagas disponíveis afixadas nas paredes e postes eléctricos, jornais e vários sítios Web na Etiópia exigem pelo menos 1 a 2 anos de experiência em instituições reconhecidas, o que exclui corajosamente os licenciados afectados pelo desemprego prolongado. Alguns receiam que, no futuro, haja uma reserva de pessoas instruídas com qualificações mais elevadas do que as suas e argumentam que as ofertas de emprego e algumas formações, bem como os apoios, também dão por vezes prioridade a indivíduos com experiência, o que também exclui do jogo os desempregados de longa duração.

Além disso, há uma série de instituições privadas que, mais do que o desenvolvimento de recursos humanos de qualidade, têm uma intenção comercial e ministram ensino até ao nível de mestrado, e que proliferam de tempos a tempos. Um participante na investigação afirmou

"Devido à existência de algumas instituições de ensino privadas com fins lucrativos que se limitam a vender diplomas e graus de qualquer tipo para obter dinheiro a qualquer pessoa que queira os seus diplomas e graus e devido ao facto de muitas pessoas possuírem facilmente documentos falsos de diferentes organismos, a questão da qualidade e da educação a longo prazo está a perder a sua relevância" (N, Masculino).

Este caso sugere a existência de instituições privadas que vendem um certificado que destrói a qualidade e a relevância da educação. Tanto quanto sei, atualmente o governo etíope também está consciente do facto de a qualidade do ensino se estar a deteriorar de tempos a tempos no país, e acredita que a proliferação de escolas privadas é a causa. Como indicam estudos anteriores efectuados na Nigéria, os nigerianos não obtiveram os benefícios que esperavam através da educação (Olaniyan e Okemakinde, 2008). Estes autores alertam os pais nigerianos para não inspirarem os seus familiares ou descendentes a comprarem os certificados de habilitações. De acordo com os meus dados, diria que existe uma baixa qualidade de ensino em algumas instituições públicas e privadas. Becker (1964) argumentou que um baixo nível de educação resulta num fraco retorno do investimento na educação. Por outro lado, os que já estão empregados obtêm uma formação suplementar nas faculdades e universidades privadas, na sua maioria orientadas para as empresas, com as notas que pretendem, conhecem mais pessoas e competem com jovens licenciados sem experiência profissional por empregos profissionais e, possivelmente, ganham as vagas. Muitos dos jovens licenciados desempregados sentem-se queimados e impotentes nestas ocasiões e anseiam por um sistema que examine criticamente as acções das faculdades e universidades privadas existentes. Os participantes na investigação durante as discussões dos grupos de centragem revelaram que alguns dos funcionários públicos foram contratados com documentos falsos e muitos outros compraram os seus diplomas e graus académicos em instituições privadas. Por isso, de acordo com alguns dos participantes na investigação, alguns dos funcionários não estavam dispostos a tomar medidas sérias contra instituições privadas com fins lucrativos com problemas de qualidade e indivíduos que preparavam documentos falsos.

Além disso, para concorrer a oportunidades de emprego noutras zonas remotas, a maioria dos participantes nas entrevistas e nas discussões dos grupos de centragem disse que não pode suportar os custos de transporte, porque a família não está disposta a pagá-los, sobretudo se tiver um historial de insucesso depois de concorrer a uma vaga e se o local for longe da sua casa, o que exige uma grande quantia de dinheiro, especialmente para as mulheres licenciadas. Além disso, alguns dos participantes na investigação afirmaram que não dispõem de informações se não tiverem amigos no local ou se as vagas forem publicadas apenas nos quadros de avisos locais. As participantes casadas e desempregadas consideram que um local de trabalho muito distante não é viável, porque as separa do seu *agregado familiar*[19]. E as licenciadas solteiras, para além da dificuldade de suportar os custos de transporte, o facto de serem mulheres também as impediu de procurar emprego noutros locais, porque o facto de uma licenciada se deslocar sozinha a outros locais para procurar emprego não é aceitável pela norma da comunidade. De acordo com a minha posição, sou uma pessoa de *dentro* e a opinião da comunidade é que, se as mulheres diplomadas migrarem sozinhas para locais distantes na Etiópia ou noutros locais, podem ser objeto de assédio sexual e enfrentar um desafio que os homens diplomados não enfrentam. De acordo com os dados das discussões dos grupos de centragem, observou-se que as jovens licenciadas desempregadas têm menos mobilidade do que os licenciados desempregados do sexo masculino. Embora as mulheres licenciadas tenham recebido uma ação afirmativa durante o processo de contratação de emprego em todos os sectores, enfrentam uma concorrência difícil e muitas continuam desempregadas. Os dados das entrevistas e das discussões dos grupos de centragem mostram que as licenciadas desempregadas não tencionam migrar para zonas remotas em busca de emprego devido ao seu género. Isto mostra que, juntamente com outros elementos, como a qualidade da educação, as experiências, a área de estudo e os factores estruturais, o género também desempenha um papel importante na empregabilidade das mulheres. Quase todos os participantes na investigação afirmaram que a ideia de pensar numa empresa de MPE surge sobretudo quando se perde a esperança de encontrar empregos *de colarinho branco*.

6.4. Factores importantes para o emprego em empregos de colarinho branco

Os resultados do estudo revelaram os factores mais importantes para os jovens licenciados conseguirem empregos profissionais e outros apoios à criação de empresas nas MPE. Estou ciente de que podem existir outros factores, mas a minha apresentação limita-se aos dados do trabalho de campo.

6.4.1. Capital humano

Becker (1993) indicou que os investimentos na educação aumentam as hipóteses de um indivíduo conseguir emprego. Todos os participantes neste estudo investiram na escolaridade a longo prazo. De

---

[19] Uma unidade que inclui o marido, a mulher e os filhos sob o mesmo teto.

acordo com os dados das entrevistas e das discussões dos grupos focais, a conclusão de um curso superior é importante para conseguir um emprego *de colarinho branco*. Uma entrevista com as elites também confirma este facto. No entanto, todos os participantes na investigação sugeriram que os diplomados das universidades públicas têm mais sorte do que os diplomados das universidades e colégios privados. Segundo eles, o domínio de estudo também é muito importante neste caso. Em 2008, o governo etíope introduziu uma política que visa alterar o equilíbrio das áreas académicas em todas as universidades públicas, afastando-as das ciências sociais e humanas e privilegiando as disciplinas relacionadas com as ciências e a tecnologia, numa base de 70:30. A formulação desta estratégia baseia-se na avaliação de que os licenciados em medicina humana e engenharia têm geralmente melhores oportunidades de emprego do que os licenciados em ciências sociais e, em alguns casos, em ciências naturais (Comissão Económica das Nações Unidas para África (UNECA), 2011). Atualmente, de acordo com os dados das entrevistas e das discussões dos grupos focais, os licenciados das áreas de negócios e economia, tecnologias da informação, medicina humana e engenharia têm relativamente mais sorte do que outros, como outras ciências naturais, medicina veterinária, ciências sociais e humanidades. Alguns dos participantes na investigação argumentaram que, embora a intensidade seja diferente, os licenciados de qualquer área de estudo de uma faculdade ou universidade enfrentam um certo grau de desemprego. Um dos participantes na investigação afirmou: *"Especialmente para os licenciados, a obtenção de um diploma significa desemprego. Se uma pessoa for pobre em capital social, não haverá vagas disponíveis e há muitas outras etapas, como o exame de certificação de competências[20] (COC), que é quase impossível de passar sem corrupção"* (K, homem). A maioria dos licenciados com um diploma universitário é convidada a submeter-se ao exame COC, que é suposto medir a qualidade do certificado recebido. Um dos participantes na investigação, durante uma entrevista, disse: *"Conheço muitas pessoas que compraram um certificado falso que mostra que passaram num COC e foram trabalhar para outras áreas, mas foram identificadas e presas"* (I, homem).

Alguns dos participantes na investigação também indicaram que é quase impossível para muitos passar no exame COC sem dar subornos e sem ter um familiar que possa ajudar no processo. Eu diria que o exame COC pode ser indicativo de que o governo sabe que a qualidade do ensino está estragada e não controla seriamente as questões de qualidade tanto nas escolas privadas como nas públicas, com a intenção de fazer relatórios que mostrem que há um aumento do número de pessoas alfabetizadas, bem como de licenciados com diplomas universitários ou superiores.

Becker (1993) salientou a importância de várias formações e educação para competir no mercado de trabalho. No entanto, alguns dos participantes na investigação durante as discussões dos grupos de

---

[20] Testes de competência dos licenciados, que são obrigatórios para obter emprego ou prosseguir os estudos na Etiópia

centragem argumentaram que o sistema educativo não lhes fornece as competências necessárias no atual mercado de trabalho. Contradizendo o estudo de Dale (2014), que descreveu que os jovens licenciados não acreditam que a qualidade da educação seja a causa do seu estatuto de desempregados, os participantes neste estudo, durante as entrevistas e as discussões dos grupos de centragem, mencionaram repetidamente os problemas de qualidade, afirmando que o sistema educativo ainda segue o método tradicional de ensino *"giz a quadro"*, sem se concentrar nas competências práticas. Muitos deles revelaram que, de facto, não possuem competências práticas para iniciar um negócio em MPEs como a construção, a eletrónica, a engorda de animais, bem como a avicultura e outras, que necessitam de competências práticas.

A teoria do capital humano equipara o investimento em capital humano diretamente aos rendimentos (Desjardins, 2014). Como os dados do FGD revelaram, não é apenas o seu desempenho académico que importa para obter vários empregos adequados às suas qualificações, mas também várias ligações como o clã, a política, a religião, etc. são importantes. A maior parte das instituições, em particular o sector público, está politicamente vinculada, o que implica que ser um membro ativo do partido no poder tem mais peso para conseguir um emprego *de colarinho branco*, mesmo sem competir com outros. Esta ideia é também confirmada durante as entrevistas semi-estruturadas. Um participante na investigação, durante a entrevista, argumentou

"Quando chegam as eleições, o governo contrata toda a gente para obter votos e fazer notícias sobre a criação de empregos para muitos e para informar que a taxa de desemprego diminuiu. Quando as eleições já passaram, a maioria dos funcionários esquece a sua responsabilidade e não está disposta a ouvir a voz dos licenciados desempregados. Mas os membros activos do partido político no poder têm sempre dado oportunidades para os empregos de que necessitam" (J, homem).

Esta citação indica que ser leal à política é visto como uma espada que separa os que conseguem os empregos que desejam e os que são rejeitados e devem tentar os seus próprios meios. Um dos participantes na investigação acrescentou ainda que *"os filhos ou parentes de altos funcionários são de confiança e, por vezes, nomeados para cargos de topo que não se enquadram nas suas qualificações e experiências. Não lhes é pedido que apresentem um Curriculum Vitae, que se submetam a um exame baseado em competências ou que criem as suas próprias empresas em MPE. Foi-lhes dado um bom emprego"*. A citação mostra claramente que os problemas estruturais estão a impedir que muitos jovens licenciados consigam emprego.

Os licenciados desempregados mostraram repetidamente a importância do papel dos familiares no processo de emprego, tendo a maioria deles afirmado que a causa do seu desemprego era o facto de não ter *familiares* dos funcionários superiores. Os participantes da minha investigação durante as discussões dos grupos de centragem revelaram que as pessoas ficam surpreendidas se os filhos de funcionários superiores ou os seus familiares não conseguirem emprego imediatamente após a licenciatura. Até mesmo insultar e chamar *"impotente"* a uma pessoa com autoridade é comum. Eu diria que estas tendências empurram as autoridades para a corrupção, em vez de as ajudarem a seguir as directrizes estabelecidas. Existe também um provérbio *amárico, "seshomut yalbela sisherutykochual"*, que significa literalmente que quem não acumula capital financeiro para benefícios pessoais enquanto é eleito e desempenha funções de alto nível fica preocupado e angustiado se for despromovido ou despedido sem o obter. Estes provérbios não têm qualquer utilidade para além de instigarem a corrupção. Se as autoridades seguirem estritamente as directrizes, podem evitar preconceitos, mas não são aceites pelos seus familiares e amigos e são também rejeitados, ou apelidados de *"medrosos e impotentes"* e não vivem para os seus próprios familiares e até são segregados. Estas tendências são comuns na área de estudo e podem ter um impacto sobre os responsáveis pela coordenação das MPE, abrindo a porta a preconceitos e acções erradas.

Os dados das discussões dos grupos de centragem também indicam que o contexto familiar é um fator determinante no processo de procura do emprego desejado. Isto é contrário aos estudos anteriores que concluíram que a família, os parentes, as redes de amigos e as ligações religiosas não são importantes no processo de procura de emprego (Serneels, 2004). No entanto, neste estudo, os participantes na investigação deram mais importância a esses factores do que às suas qualificações e médias de notas.

A maioria dos participantes na investigação revelou que anseia por utilizar todos os meios, incluindo meios e redes ilegais, para obter empregos profissionais. Constatei que alguns dos licenciados desempregados criticam aqueles que, na sua opinião, estão a ocupar o cargo de forma errada, mas, ao mesmo tempo, estão dispostos a seguir o mesmo caminho, argumentando que, a menos que sigam os caminhos errados, como a corrupção ou quaisquer redes de pares ou ilegais, é quase impossível conseguir um emprego *de colarinho branco*. A importância das autoridades no poder durante o processo de procura de emprego para os indivíduos desempregados sob a forma de influência social é discutida (Perttila, 2011). Eu argumentaria que os apoios ilegais que colocam alguns outros numa posição fraca devem ser evitados, porque tais trabalhos matam a próxima geração, e se tal coisa continuar, posso dizer, está perto de ver no país e a emergente "geração perdida" de Hemingway, "geração beat" de Ginsberg, e "geração arruinada" de Nanping (Hayek, 1997 citado em Yu,2004:8-9), "Geração perdida ou juventude em crise" de Mains (2012:163). A tendência atual na área de estudo mostra a existência de uma geração de jovens que culpa e procura.

6.4.2. Personalidade

A personalidade pode referir-se ao carácter e aos hábitos de uma pessoa que têm influência na aceitação do indivíduo pelos seus próprios amigos, vizinhos e comunidade. Tal como revelado nas entrevistas do GFD e da elite, se um indivíduo for sociável e não for viciado em álcool, então os líderes comunitários podem recomendar que os indivíduos obtenham apoio para o arranque de um negócio em MPEs ou que tenham prioridade para quaisquer benefícios na sua localidade. Aqueles que passam o tempo a mascar *khat* e são viciados não merecerão a confiança da família, dos vizinhos, das comunidades e dos organismos governamentais. Não receberão cartas de recomendação, que são importantes para pedir apoio às administrações locais para a criação de emprego nas MPE.

A OIT (2006) argumentou que a acessibilidade limitada dos empregos que acolhem os recém-chegados do ensino superior ao mercado de trabalho é a melhor expressão da situação de desemprego dos jovens com formação académica. Isto é confirmado pelos dados obtidos nas discussões dos grupos de centragem do presente estudo, que indicaram a má governação, a disponibilidade limitada de empregos *de colarinho branco* adequados às suas qualificações e o forte desejo dos jovens licenciados de obterem empregos adequados às suas qualificações como factores que contribuem para o desemprego dos licenciados.

6.5. As expectativas dos jovens e as realidades actuais

" *O que eu sei, em tempos passados, durante a minha escola primária, é que os jovens instruídos têm um aspeto inteligente, limpo e conseguem emprego imediatamente, quer terminem o curso ou a universidade. São respeitados e têm reconhecimento. Isso foi há cerca de nove anos. Mas, atualmente, as oportunidades de emprego são muito reduzidas para muitos jovens licenciados e o respeito baseado no sucesso escolar é totalmente esquecido pela sociedade.* " (L, homem).

O argumento anterior expressa que os indivíduos mais jovens estão a comparar as suas realidades actuais com as das gerações anteriores e sentem-se confusos com as realidades da vida atual, o que, tal como Cole (2007) salienta, é sempre difícil pensar em aplicar certas práticas das gerações anteriores às situações actuais. Na Etiópia, durante o período do regime Derg (1974-1991), um emprego público é garantido através de uma educação pós-secundária (Krishnan, 1998). A mudança do regime socialista centrado no Derg para a economia mista baseada no mercado do regime EPRDF desempenhou o seu papel na expansão das escolas, mas tornou a transição da escola para o trabalho muito problemática (Dale, 2014). Com base nas práticas das gerações anteriores, os jovens dos países em desenvolvimento que concluem a sua escolaridade têm expectativas específicas de conseguir emprego imediatamente após a conclusão das escolas (Jeffrey, Jeffery e Jeffery, 2008). No entanto, devido a mudanças políticas, culturais e socioeconómicas, essas tendências não existem nem são negociadas atualmente. O atual regime da EPRDF (pós-1991) não garante o emprego com o ensino pós-secundário e não há garantia de emprego para qualquer licenciado com qualquer nível de ensino. Denu et al (2005) referem que, apesar das melhorias económicas, da expansão escolar e do acesso à educação a todos os níveis, os esforços de privatização puseram fim à garantia de emprego, mesmo para os licenciados.

6.6. Resumo

Este capítulo abordou as várias oportunidades de emprego e as dificuldades que os jovens licenciados enfrentam para encontrar o emprego que desejam. Verifica-se que as oportunidades de emprego profissional são limitadas para muitos jovens licenciados. O capital humano, a personalidade e outras questões são identificados como factores importantes para a obtenção de empregos profissionais na área de estudo. Também se indica que a transição da escola para o trabalho é uma incerteza para a maioria dos jovens licenciados.

CAPÍTULO 7: VIVER NO DESEMPREGO: MUITAS COMPLEXIDADES E CUSTOS

7.1. Introdução

Este capítulo procura responder à pergunta sobre a forma como os jovens vivem o desemprego após a conclusão do curso. Com base nos dados do trabalho de campo, discutirei a natureza do desemprego dos jovens licenciados, as formas de os jovens desempregados passarem o tempo, os seus mecanismos de sobrevivência e os custos do desemprego dos licenciados. Isto permite responder à pergunta de investigação: 'Como é que os jovens licenciados vivem o desemprego'?

7.2. Natureza do desemprego dos jovens licenciados

Uma certa duração do desemprego tornou-se comum na transição da escola para o trabalho. Na Etiópia, os indivíduos à espera de um emprego profissional representam uma grande parte dos desempregados abertos (Denu et al, 2005; Guarcello e Rosati, 2007). Na zona de estudo, a população ativa é superior à capacidade de acolhimento da economia.

De acordo com os dados dos participantes na minha investigação durante as discussões dos grupos de centragem, as experiências de desemprego dos jovens licenciados não são homogéneas. As experiências de desemprego dos jovens licenciados neste estudo diferem em função das suas qualificações, redes sociais, personalidade, antecedentes familiares, duração do desemprego, estado civil e género. Estudos anteriores também documentaram que as experiências de desemprego variam substancialmente em função de uma série de questões como a idade do indivíduo, o sexo, o apoio social, o rendimento, a causa da perda de emprego, o empenho no trabalho, a satisfação com o trabalho anterior, a esperança de regressar à profissão e a duração do desemprego (Ezzy, 2001:7).

O FGD mostrou que, para os jovens licenciados que não conseguem empregos adequados às suas qualificações imediatamente após a licenciatura e que esperam por eles, as hipóteses de obter esses empregos diminuem de tempos a tempos, porque os períodos de desemprego são considerados como um período de desperdício de competências pelos empregadores, que exigem ou os valiosos anos de experiência num emprego profissional ou precisam apenas de recém-licenciados, o que exclui os licenciados que ficaram mais de um ano em casa. De acordo com Eriksson (2002), os empregadores podem considerar alguns desempregados menos atractivos do que os candidatos a emprego, pelo facto de terem perdido as suas competências e talentos. Este facto foi confirmado durante as entrevistas com os licenciados desempregados neste estudo. Todos os participantes na investigação afirmaram, durante uma entrevista, que o desemprego reduz a sua esperança de conseguir emprego de acordo com o seu capital humano.

7.3. Passagem do tempo

No dia 18 de junho de 2015, um dos meus amigos apresentou-me a um jovem licenciado, que participou nesta tese, enquanto ele jogava ténis de mesa na berma da estrada, a caminho do município de Sodo, enquanto eu ia lá procurar um material de referência escrito sobre a história da cidade de Wolaita Sodo. Felizmente, consegui o material que queria de um dos funcionários que lá trabalhavam e fiquei lá durante cerca de uma hora, enquanto apresentava os objectivos da investigação aos funcionários que lá trabalhavam e partilhava uma chávena de café com eles. Depois saí de lá e almocei. Depois do almoço, descansei durante uma hora em casa de um amigo. Depois disso, saí do meu amigo e visitei uma biblioteca pública da cidade para procurar livros relevantes para a minha investigação durante 2 horas. Depois de passar mais de 4 horas, consegui o material que queria, almocei e consultei muitos livros na biblioteca pública. Depois, quando regressava a casa pela mesma estrada, vi que o jovem licenciado que o meu amigo me tinha apresentado 4 horas antes ainda estava no mesmo sítio a jogar ténis de mesa. Cumprimentei-o novamente e perguntei-lhe: "Olá, meu amigo, como foi o teu dia e ainda estás a jogar? E ele respondeu: *"O dia foi muito aborrecido, não tenho emprego e não tenho para onde ir. É por isso que ainda estou aqui".* (H, homem). A má gestão do tempo é comum entre a maioria dos licenciados desempregados, de acordo com a maioria dos participantes na investigação revelados neste estudo. As licenciadas desempregadas do estudo afirmaram que são muito stressadas porque passam a maior parte do tempo em casa e perto de casa. São mais stressadas do que outras categorias de licenciados desempregados neste estudo. Um dos participantes no estudo disse

"Não posso ir a todo o lado. Passo quase todo o meu tempo em casa. O meu marido controla todos os meus assuntos. O meu marido é o meu Estado. Mesmo para visitar a minha família, primeiro tenho de o avisar e pedir-lhe autorização. A falta de rendimentos após os estudos colocou-me numa posição de fraqueza. Não tenho poder na minha própria família e sobre as nossas filhas" (D, mulher).

Este sentimento de desamparo e impotência é comum à maioria dos participantes na investigação. Alguns dos licenciados do sexo masculino disseram que mascar *khat* é importante para matar o tempo. A mastigação de *khat* é utilizada por muitos licenciados desempregados como um mecanismo para passar o tempo e esquecer as más recordações das suas condições de vida. Depois de mascarem *khat*, é normal que bebam álcool e fumem cigarros. Durante a entrevista, um dos participantes na investigação disse: *"Não tenho nada para fazer, nenhum sítio para onde ir, mas tenho de me divertir mascando khat, a não ser que tudo se torne aborrecido para mim"* (I, homem). Mas de onde é que vem o dinheiro? Seguiu-se a sondagem e ele respondeu: *"Toda a gente se convida. Arranjamos dinheiro da família ou dos amigos, e de outras redes, porque o khat precisa de um grupo para se obter prazer com ele* (I, Masculino). Esta constatação parece semelhante ao trabalho de Mains (2012).

Ele examinou pessoas desempregadas que têm pelo menos o ensino secundário e que passam a maior parte do tempo a mastigar *khat* e a sentar-se com barbeiros, engraxadores de sapatos e pequenos comerciantes. Os dados das entrevistas e das discussões dos grupos de centragem, bem como da observação, revelam que a maioria dos participantes masculinos na investigação passa o seu tempo a visitar pequenas cafetarias e a beber chá ou café a baixo custo de pequenos comerciantes; a ir a casas de vídeo para ver diferentes filmes e vídeos feitos no país e no estrangeiro; ir a pequenas lojas próximas e contar anedotas aos lojistas em pé; sentar-se com engraxadores de sapatos independentes na berma das ruas; ir ter com os amigos que trabalham em pequenas empresas e, assim, sentar-se ou ficar de pé com eles; jogar diferentes jogos, como ténis de mesa e matraquilhos, que, na maioria das vezes, se encontram na berma das estradas; e piscinas. A sua vida está a piorar de dia para dia, pois o desemprego está a tornar-se permanente e eles estão confusos com as suas decisões de vida.

De acordo com os meus conhecimentos sobre a comunidade estudada, a visão da sociedade em relação aos desempregados do sexo masculino e feminino era altamente discriminatória. Se as pessoas vêem um homem e uma mulher juntos na rua, pensam que estão apaixonados e que têm uma relação afectiva ou sexual. Devido a esta norma cultural, também num café não é muito comum ver a mistura de mulheres e homens em grupos. Assim, o consumo e as actividades recreativas são altamente segmentados em função do género na Etiópia urbana. É por esta razão que os jovens desempregados do sexo masculino são mais vistos na rua com um grupo de homens e as mulheres podem ser vistas com os seus grupos de mulheres desempregadas. Este facto foi confirmado durante as discussões dos grupos de centragem.

Na Etiópia urbana, particularmente perto dos colégios e universidades, é comum ver casas de *khat* e casas de vídeo, e atualmente *as casas de narguilé*[21] também se estão a tornar comuns em diferentes partes, e durante o tempo de escola um número de estudantes utiliza esses locais, para além de casas de bilhar, ténis de mesa, matraquilhos, como centro de recreação. Estas actividades continuam a ser praticadas por muitos jovens do sexo masculino, mesmo após a conclusão do curso. Atualmente, o governo proibiu as *casas de narguilé* para salvar os jovens das más influências que daí resultam, mas ainda há muitas *casas de narguilé a oferecer os* seus serviços e as casas de *khat* são consideradas um negócio normal na cidade. Segundo a minha observação, há *casas de narguilé* e casas de venda de *khat* na cidade de Sodo, perto da Universidade Wolaita Sodo e noutras partes da cidade, onde alguns jovens desempregados passam o tempo. A *figura 3* (foto de campo, julho de 2015) abaixo mostra a queima dos utensílios de narguilé na cidade de Sodo pelo governo para proibir o seu uso.

---

[21] Casas onde se fuma tabaco, que é misturado com açúcar ou fruta através de um tubo.

Figura 3: Queima de utensílios de narguilé na cidade de Sodo

Alguns dos participantes na investigação durante as discussões dos grupos de centragem indicaram que a sua primeira exposição ao desemprego após a licenciatura resultou em confusão, vergonha, depressão e degradação moral. Um participante da investigação disse

" *Quando concorro com a esperança de conseguir um emprego profissional e sou rejeitado, choro vezes sem conta. Choro sempre, mesmo nos meus sonhos. Como é brutal viver sem emprego?* (B, Mulher).

7.4. Acções comunitárias contra a má gestão do tempo

Na parede da frente de uma pequena loja onde eu comprava regularmente vários produtos, havia um cartaz com a mensagem em *amárico "Yale Sira Mekom Kilkil New"*, que significa "é proibido estar aqui sem trabalho", e num salão de beleza onde eu ia regularmente cortar o cabelo *"Yale Sira Mekemet KilkilNew"'*, que significa o mesmo que "é proibido estar sentado sem trabalho". Ambas as citações não são atribuídas, e eu sei o que estas citações foram escolhidas para mostrar, ou seja, que a maioria dos jovens desempregados vai a esses sítios e quer passar o tempo lá, enquanto joga alguns jogos disponíveis, brinca uns com os outros e atira piadas até aos clientes. Os proprietários dos salões de cabeleireiro e das pequenas lojas, preocupados com o facto de os seus espaços de trabalho estarem sobrelotados por esses jovens sem trabalho, decidiram afixar esses cartazes. Os mesmos cartazes são comuns em toda a cidade, em pequenos restaurantes e cafetarias, onde muitos jovens, sobretudo homens licenciados desempregados e sem trabalho, ocupam os espaços disponíveis durante mais tempo do que o interesse do dono do restaurante. Por vezes, os donos dos restaurantes ordenam-lhes que abandonem o local. Isto indica que há muita gente que quer passar a maior parte do seu tempo sentada ou de pé num sítio sem emprego, mas de uma forma que afecta quem faz negócio. No meu estudo, isto é particularmente identificável nos homens licenciados desempregados.

Estas citações não atribuídas transmitem uma mensagem forte às pessoas que querem passar o tempo sem emprego. Penso que elas incentivam os jovens desempregados a criarem as suas próprias empresas de qualquer tipo, em vez de ficarem sem trabalho, especialmente durante o horário de trabalho. É comum na Etiópia, mesmo durante as horas de trabalho, ver não uma, mas um número cada vez maior de pessoas em cafetarias a bebericar cafés ou chás locais, ou a andar na rua a meter os bolsos das calças furados e a lutar para matar o tempo. Outros estudos também documentaram anteriormente que matar o tempo é muito comum, particularmente entre os desempregados urbanos do sexo masculino (Mains, 2012).

7.5. Lidar com o desemprego

Os jovens desempregados preocupam-se constantemente e sentem-se inseguros em relação ao seu futuro até garantirem os seus interesses, que é encontrar um emprego com uma boa remuneração. Tal como John Lennon, citado em Solt e Egan (1988:75), *"O trabalho é a vida, sabes, e sem ele, não há nada a não ser medo e insegurança"*. Se não houver emprego, é difícil planear o futuro, pensar no futuro, tudo se torna incerto e a vida fica cheia de tensão, particularmente nos países em desenvolvimento. O emprego não só proporciona rendimento e produção, mas também reconhecimento (Sen, 1975). Durante a escolaridade, como a maioria dos participantes na investigação durante as entrevistas e as discussões dos grupos de centragem, disseram que fizeram muitos amigos, mas agora argumentam que lhes faltava esse estatuto e sentem falta de todos esses bons momentos. Um dos participantes da investigação durante a entrevista indicou que, *"Os meus pais são analfabetos. Eu sou tudo para eles. Chamam-me médico, professor, cientista ou tudo o que é bom. Quando fico em casa, eles citam sempre os meus amigos empregados e dizem sempre quando é que começas a trabalhar? Por essa razão, não quero passar o meu tempo com eles, passo os meus dias com muitos amigos desempregados e eles convidam-me sempre para mastigar um khat. Sinto-me seguro quando estou com eles. Este é o meu quotidiano"* (J, homem).

Este caso sugere que os licenciados desempregados se sentem seguros quando passam tempo com outros jovens desempregados à sua volta. Este facto está em conformidade com a opinião de Clark (2003), que defende que o desemprego dói menos quando há pessoas desempregadas por perto.

Todos os participantes na investigação, durante as entrevistas e as discussões dos grupos de centragem, afirmaram que é difícil estar desempregado, mesmo que seja por pouco tempo. Um dos participantes na investigação disse

"Por vezes, as pessoas citam a Bíblia Sagrada e dizem: não se preocupem com o dia de amanhã, não se preocupem com o que comer, beber ou vestir, porque o Pai Celestial conhece as vossas necessidades e destinos. Citam os pássaros como exemplo: os pássaros não semeiam, não colhem nem armazenam, mas o Pai Celestial alimenta-os. Eu acredito na Bíblia Sagrada, mas acho que as

pessoas têm um amor mais forte pelos pássaros do que pelos seus semelhantes, porque se eu agir como um pássaro e for comer de algum sítio sem pedir autorização ao dono do recurso, eles batem-me, matam-me ou acusam-me" (O, Masculino).

Este caso sugere que algumas pessoas de uma comunidade ou líderes religiosos aconselham e consultam os desempregados a não se preocuparem nem se privarem por causa da sua situação atual ou até ocuparem o emprego que desejam, mas os jovens licenciados desempregados mostram a sua raiva em relação ao seu estatuto e estão sempre preocupados com o desemprego.

A maioria dos licenciados solteiros do sexo masculino afirmou que a sua razão para estar solteiro é económica e está relacionada com o problema do desemprego. Um dos participantes na investigação disse *"Ainda estou a viver em casa dos meus pais e muito, muito, muito só, deprimido, envergonhado, aborrecido, endividado, quero casar mas não posso porque não tenho dinheiro, bloqueado em casa porque não tenho dinheiro, não tenho esperança"* (Q, homem). De facto, hoje em dia, a maioria dos jovens licenciados vive com a família entre os vinte e os trinta anos. Esta constatação está também em conformidade com a de Mains (2012), num estudo efectuado na cidade de Jimma, no sudoeste da Etiópia. As suas decisões de vida sobre ter um cônjuge, casar e constituir família são adiadas até obterem um bom rendimento. Neste estudo, um dos participantes na investigação afirmou: "Quem me *dera nunca ter estudado. Porque as pessoas respeitam-nos não pela nossa educação, mas pelo capital financeiro que temos"* (O, homem).

A maioria dos licenciados desempregados deste estudo indicou que o grau de apoio da família é uma necessidade durante estes tempos difíceis. A maior parte deles afirma que os pais são bons amigos nos maus momentos, e muitos outros esquecem-se de si. Mas muitos ainda têm dúvidas e fortes sentimentos de culpa devido à sua dependência dos pais. A família continua a dar apoio financeiro, não porque tenha dinheiro suficiente ou dinheiro na mão, mas porque continuou a vender os seus recursos, como terras, gado e outros bens, para ultrapassar a privação que causou aos jovens licenciados desempregados. Um dos participantes na investigação expressou: *"Era suposto eu ajudar a minha família, os meus irmãos mais novos e também os meus parentes, e eles também esperavam o mesmo de mim, mas estava a acontecer o contrário. Mesmo assim, estou à procura da ajuda deles. Esta é a parte mais aborrecida da minha vida. Mesmo assim, estou nas mãos dos meus pais para todas as minhas despesas"* (M, homem). Para actividades aceitáveis, como cortar o cabelo, ir a um salão de beleza, ver futebol, comprar sabão para lavar a roupa, ir a algumas actividades sociais com os amigos, os licenciados desempregados pedem dinheiro aos pais ou aos irmãos, mas a maioria dos homens desempregados disse que investe o dinheiro em actividades mundanas, como comprar um maço de *khat*, café, refeições e bebidas, para partilhar com os amigos. Alguns têm também a intenção de serem vistos pelos outros enquanto tomam café expresso num café. A maioria dos jovens depende não só dos pais, mas também das amizades e das prendas dos outros. Alguns revelaram também o apoio dado pelos seus antigos colegas de turma, irmãos e irmãs empregados para comprar pacotes de *khat* e café. Nas minhas sondagens, perguntei-lhes se se sentiam envergonhados por causa do seu estatuto de desempregados após a licenciatura. Disseram que se sentiam envergonhados e que queriam fugir ou ir para algum lado, em vez de ficarem em casa sem um emprego adequado. Muitos também disseram que se sentem preocupados quando encontram os seus antigos amigos que se formaram na mesma faculdade/universidade em disciplinas semelhantes, com notas mais baixas, mas que conseguem um emprego de *colarinho branco* devido às diferentes redes de contactos que têm. Todos os participantes na investigação afirmaram que, atualmente, há demasiados licenciados desempregados, mas que isso dói. Esta conclusão contradiz o estudo de Mains (2012), que indicou que o desemprego dos jovens na Etiópia urbana é a norma e que não há vergonha disso.

A maioria dos participantes na investigação afirmou que consulta sempre os pais, irmãos e irmãs, familiares e amigos sobre questões relacionadas com a sua decisão de carreira. Um dos participantes na investigação afirmou: *"Bem, os meus pais apoiam-me, mas, durante muito tempo, acho que se aborrecem com as minhas perguntas financeiras repetitivas"* (M, homem).

Alguns dos participantes na investigação durante as discussões dos grupos de centragem indicaram que, por vezes, as pessoas os atacam ou insultam por causa da sua situação de desemprego e alguns chegam mesmo a associar o desemprego de licenciados à maldição de Deus por causa dos seus pecados e, ao mesmo tempo, ocupar uma determinada posição ou emprego é também considerado uma questão de sorte. Ninguém quer fazer amizade com eles, porque, como Mains (2012) descreveu, a amizade na Etiópia urbana é baseada em termos económicos, ou seja, para obter algum benefício material dessa relação. Alguns dos jovens desempregados do sexo masculino deste estudo, durante as entrevistas e as discussões dos grupos de centragem, também mostraram o seu interesse em fazer amizade com pessoas com bons rendimentos e recursos materiais, em especial jovens trabalhadores, para obterem alguns *Birr* em tempos difíceis.

7.6. Custos do desemprego dos licenciados

7.6.1. Desqualificação/perda de capital humano

O desemprego de longa duração dos jovens licenciados está a conduzir ao deskilling (perda de capital humano) (Majumder, 2013). De acordo com os dados das entrevistas e das discussões dos grupos de centragem, a maioria dos participantes na investigação não acredita que serão trabalhadores produtivos se ingressarem numa profissão que se adeqúe às suas qualificações obtidas devido ao desemprego prolongado. Um dos participantes na investigação, durante a entrevista, disse

"É difícil pensar no que ganhei com a educação formal. Porque o que aprendi é sobretudo teoria e

não me lembro dela. Não creio que as empresas em fase de arranque nas MPE exijam conhecimentos teóricos, mas o que precisamos é de experiências e competências práticas. No entanto, faltam-me ambos" (A, Mulher).

De acordo com a OCDE (2012), o desemprego prolongado dos jovens desperdiça capital humano que poderia contribuir para o crescimento económico a curto prazo e resulta em tristeza e insatisfação social prevalecentes. Assim, pode dizer-se que o ponto de vista da teoria do capital humano, que se centra no desenvolvimento do capital humano, é pertinente, mas não pode ajudar a resolver os problemas estruturais, os problemas de qualidade do ensino, o desemprego prolongado dos licenciados e os obstáculos à procura de um emprego desejado para obter melhores rendimentos.

7.6.2. Perda de confiança

De acordo com os dados das entrevistas e das discussões dos grupos de centragem, a maioria dos participantes na investigação é carenciada e vive na pior situação, tomando decisões de vida de forma não intencional. Um dos participantes da investigação, durante uma entrevista, disse

"Viver com os meus próprios pais depois da licenciatura causou-me falta de liberdade e de respeito e pressionou-me a casar, coisa que não tenho interesse em fazer, nesta idade. Os pais até nos vêem com uma cara nova. Ninguém reconhece a minha formação. Há desrespeito por parte da comunidade, tod'" (A, Mulher).

O que os jovens esperavam durante a escola e o que enfrentam no mercado de trabalho não coincidem, o que causou privação e frustração para muitos e alguns tomaram decisões não intencionais na sua vida. Perderam a capacidade de decidir pela sua própria vida, devido à sua total dependência dos outros.

7.6.3. Exclusão social

Kieselbach (2003) referiu que o desemprego afecta toda a integração dos jovens na sociedade. Factores como baixas qualificações, uma situação financeira perigosa, apoio institucional inexistente ou insuficiente e pouco ou nenhum apoio do meio social tendem a contribuir para a exclusão social (ibid.). Durante as entrevistas, a maioria dos participantes na investigação sugeriu que a família, os parentes, os vizinhos e os amigos diminuem o valor que atribuem aos licenciados desempregados quando estão a aprender. Afirmaram que, durante a escolaridade, há apenas a esperança de conseguir um bom emprego e não se sabe nada sobre o futuro. Mas, após um longo período de desemprego sem trabalho, o seu estatuto e esperança anteriores desaparecem e os seus antigos amigos que conseguem emprego ou trabalham não mostram vontade de passar tempo com eles. Nas suas localidades, as pessoas tratam-nos como pessoas sem sucesso e não os respeitam. Um dos participantes na investigação disse: *"Estou a viver como uma hiena porque me quero esconder de muitos outros. Vejo toda a gente, exceto os desempregados que passam tempo comigo, como um inimigo"* (N, homem). De acordo com Perttila (2011), o desemprego de longa duração diminui a participação em actividades sociais. Este acesso limitado a actividades sociais provoca um sentimento de isolamento que, por sua vez, reduz a sua capacidade de manter redes sociais. Tudo isto influencia o progresso de um indivíduo no mercado de trabalho. Esta ideia é confirmada durante a discussão dos grupos de centragem. Os licenciados desempregados revelaram que a maioria deles sofre de isolamento social.

Bhalla e Lapeyre (1997) argumentam que a exclusão económica resulta da falta de meios de subsistência próprios e da dependência de outros para obter os seus meios financeiros devido à falta de emprego. Indicaram também que a falta de emprego pode causar um sentimento de passividade e vergonha entre os desempregados. De acordo com os dados da entrevista, alguns dos participantes na investigação excluem-se de actividades sociais como ir à igreja, casamentos e festas ou participar em várias reuniões locais por falta de recursos económicos, o que também resulta num sentimento de marginalização. Pensam que as pessoas também os ignoram nesses eventos porque não têm dinheiro. Dada a vitalidade da troca no reforço das relações sociais, as pessoas com falta de dinheiro têm dificuldade em manter os laços sociais anteriores e a amizade com os seus pares na comunidade (Gallie et al, 2003). Hunter (2000) argumenta que os indivíduos desempregados tendem a ter baixos níveis de relacionamento com a vizinhança, fora da vizinhança e mesmo dentro da família devido à falta de rendimentos durante um periodo prolongado. Como revelado durante as entrevistas, os jovens licenciados desempregados não são capazes de pagar as suas saídas sociais e muitos deles sentem-se isolados dos seus amigos e familiares.

Uma das participantes na investigação, durante uma entrevista, disse que, quando ordenava a uma empregada doméstica que trabalhava para uma família arrendada na sua casa que utilizasse a água de forma sensata e limpasse o recinto, muitas vezes esta recusava e insultava-a devido ao seu estatuto de desempregada após a licenciatura. Ela contou o que a empregada lhe disse: *"O teu diploma não tem qualquer utilidade. Tu lavas a louça e limpas a casa. Eu também. Cozinhas comida, eu também. Tu ficas o dia todo em casa, mas eu tenho a liberdade de andar por toda a cidade"* (C, Mulher). Ela disse que, durante esse acontecimento, chorou e ficou psicologicamente abalada. Alguns dos licenciados desempregados desejam a vida daqueles que abandonaram o ensino e entraram em empresas ou migraram para outro lugar. Estes insultos e desmoralização são comuns aos jovens licenciados afectados pelo desemprego prolongado. Uma investigação efectuada por Kieselbach (2003) indicou que a desintegração social pode resultar do desemprego prolongado dos jovens. Devido ao facto de não se juntarem a uma força de trabalho, ficam isolados (Kronauer, 1998).

O desemprego de longa duração bloqueia a plena integração dos jovens licenciados nas diferentes actividades sociais, económicas e políticas (ibid.). Este facto é confirmado pelo presente estudo. Um dos participantes na investigação, durante uma entrevista, afirmou que uma doença normal é melhor do que o desemprego prolongado, a doença é melhor do que o desemprego. Ele disse: *"Se estás desempregado, ninguém se lembra de ti, ninguém te telefona, ninguém tem uma relação íntima contigo e sentes-te confuso em todas as situações"* (Q, homem). O estudo de Guarcello e Rosati (2007), documentou que o desemprego de longa duração pode causar problemas gritantes de ajustamento social e pode prejudicar o potencial produtivo do indivíduo e, consequentemente, as suas hipóteses de emprego. Se os jovens não forem utilizados de forma produtiva, podem causar tensões e ser fontes de acções violentas e crimes. Os desempregados só têm a perder com a sua participação em actividades violentas ou crimes como o roubo se tiverem algo a ganhar. Isto perturba o funcionamento normal da sociedade. Por exemplo, o Governo da Etiópia confirmou que o desemprego maciço dos jovens licenciados contribuiu para a resistência dos *protestos dos Oromo*[22] e prometeu trabalhar para resolver os problemas estruturais que impediam os jovens licenciados de arranjar emprego ou de criar a sua própria empresa. De acordo com a teoria da exclusão social, a principal causa da marginalização do mercado de trabalho está relacionada com as dificuldades estruturais com que os indivíduos se deparam no mercado de trabalho e que são reforçadas por experiências prolongadas de desemprego e não por deficiências de motivação dos desempregados (Gallie et al, 2003). Sem emprego, não há passagem da escola para o trabalho e da dependência para a independência.

Alguns dos participantes neste estudo referiram que eram viciados em álcool e mascavam *khat*, o que agravou a sua exclusão da família e da comunidade. Tal como referido no capítulo anterior, a *personalidade é um* fator valioso para conseguir um emprego *de colarinho branco* na área de estudo e, como mostrarei no próximo capítulo, *a personalidade* é também um fator para obter apoio para o capital de arranque das MPE na área de estudo. As pessoas que mascam khat e bebem álcool não merecem a confiança da comunidade. Esse efeito é atenuado e contrariado pelo seu círculo de amigos desempregados que actuam quase da mesma forma. O desemprego está a conduzir à exclusão, em vez de à inclusão, através de várias formas, tal como foi apresentado.

7.6.4. Planeamento da migração

Um dos participantes na investigação disse durante uma entrevista *"A minha intenção era primeiro obter um diploma e depois ver o que aconteceria a seguir. O que eu temia estava a acontecer na minha vida, e não tenho esperança de conseguir um emprego adequado às minhas qualificações no futuro. Vou emigrar para outro sítio, mas não sei quando nem onde"* (K, homem). Deprimidos com as perguntas que quase toda a gente na sociedade faz diariamente para saber se estão empregados ou

---

[22] O protesto eclodiu no estado de Oromia, um dos maiores estados regionais da Etiópia, em novembro de 2015 e durou mais de três meses.

não e com a falta de respeito da comunidade pelos indivíduos desempregados, dois dos licenciados desempregados deste estudo migraram para a cidade de Sodo a partir das zonas rurais próximas. Como revelam os dados das discussões dos grupos de centragem, muitos dos homens solteiros estão a pensar em migrar para zonas distantes da sua localidade, onde ninguém sabe que são titulares de um diploma universitário ou de um curso superior, para trabalhar em qualquer coisa que lhes proporcione capital financeiro. Não querem ser vistos pelos membros da sua comunidade a trabalhar num emprego *de baixo estatuto*. A maioria sente-se privada do seu estatuto devido ao que esperava que não acontecesse na sua vida após a licenciatura. Tal como o FGD indicou, a maior parte deles compara-se com outros que eram amigos no passado, mas que agora trabalham e vivem uma boa vida e sentem-se frustrados. Isto confirma o trabalho de Davis (1959), que indicava que as pessoas se sentem privadas quando não têm um determinado sucesso, percebem que outras pessoas semelhantes alcançaram esse objetivo, querem alcançá-lo e sentem-se qualificadas para o alcançar.

7.6.5. Responsabilidades atrasadas dos adultos

Em África, devido às más condições económicas, a transição dos jovens é caracterizada por adiamentos, pausas e incompletudes, e os jovens desempregados, particularmente os do sexo masculino, adiam as suas responsabilidades (Dale, 2014). De acordo com Ridge (2002), a crescente consciencialização dos jovens sobre a sua posição de desvantagem e diferença, em alguns casos, contribui para a exclusão social. Este facto também é confirmado pelo meu estudo. Um dos participantes da investigação durante a discussão dos grupos de centragem disse: "Não sou *jovem nem adulto e sinto-me marginalizado devido à falta de recursos económicos, de poder de decisão na família e de desrespeito por parte da comunidade"* (R, Masculino). Este caso sugere que a falta de independência económica e o desemprego prolongado após a licenciatura resultam em sentimentos de culpa entre os jovens licenciados. Os dados das entrevistas e das discussões dos grupos de centragem mostram que os jovens licenciados desempregados estão conscientes da sua posição *"impotente"* na sociedade e na família.

Bevan (2011) argumenta que as diferenças de género na Etiópia rural significam que alcançar a independência económica e assegurar um emprego a longo prazo é o mais importante para os homens jovens alcançarem a transição para a vida adulta e que, para as mulheres, a transição para a vida adulta é alcançada através do casamento com um marido economicamente independente, seguido de ter um filho. De acordo com o meu estudo, apesar das diferenças entre os sexos, todos os jovens licenciados desempregados defendem que, sem assegurar a independência económica, não há transição para a vida adulta. Verificou-se que a obtenção de emprego e de rendimentos é um meio para os jovens assumirem as responsabilidades da vida adulta. Mains (2012) mencionou que a passagem da juventude para a idade adulta é seguida pela assumpção de responsabilidades adultas e que, sem isso, um indivíduo permaneceria um jovem por um período indefinido.

7.6.6. Guerra de empregos

Utilizo o conceito de *"guerra de empregos"* para designar a situação que indica a existência de uma concorrência firme, que pode por vezes levar a conflitos entre os indivíduos numa competição para *ganhar* a vaga para os empregos profissionais. A maioria dos participantes na investigação indicou que um emprego não é apenas uma forma de ganhar a vida. Mas ter um emprego atribui um estatuto particular a uma pessoa num determinado grupo. Um dos participantes na investigação referiu que os conflitos são inevitáveis se se pensar que a vaga foi adquirida de forma incorrecta ou mesmo se os benefícios e apoios prometidos não foram dados aos licenciados desempregados. Disseram que isto não é habitual, mas que, por vezes, os jovens marginalizados podem matar ou ameaçar aqueles que obtêm indevidamente uma vaga ou outro apoio através da corrupção à sua custa. Um desempregado contou que conhece muitos jovens que eram amigos no passado, mas que hoje são inimigos por causa dos sistemas institucionais injustos que actuam para garantir os seus benefícios. Como já foi referido, alguns retiram as vagas depois de as verem, outros não partilham a informação sobre a data da entrevista para os seus amigos que querem um emprego, outros dão dinheiro para ganharem o concurso, e outros ainda pensam que não têm qualquer hipótese de sucesso e tentam intimidar os líderes para lhes fazerem favores para conseguirem o emprego e apoios para a criação de empresas.

7.6.7. Atitudes negativas em relação à educação

De acordo com a teoria do capital humano, a procura de educação é determinada por factores como a educação, o salário futuro e os rendimentos perdidos (Becker, 1962). Na realidade atual da Etiópia, a expetativa de um bom salário e de rendimentos ou de uma vida melhor através da educação está praticamente ultrapassada. O estudo da CSA (2011) confirmou que as qualificações académicas não garantem empregos no sector tradicional imediatamente após a licenciatura. Em geral, todas as crianças frequentam a escola, mas as pessoas hoje em dia estão conscientes de que a educação confere o estatuto de alfabetizado, e não de riqueza económica, que só pode ser alcançada por alguns. Atualmente, um número crescente de licenciados desempregados está a colocar a sociedade e os futuros estudantes num dilema sobre se devem ou não investir na educação. O desemprego crescente e maciço de licenciados afectou negativamente a vontade de muitos de depositarem esperanças na educação como meio de progresso. Tanto quanto sei, para aqueles que estão a aprender com grande inspiração, os desempregados e outros trabalhadores por conta própria dizem atualmente: *"acelera a tua educação e junta-te aos desempregados",* o que afecta a atitude de muitos em relação à educação. Enquanto aprendem nos graus inferiores, muitos estão confusos quanto ao seu sucesso futuro através da educação, observando os padrões de vida dos desempregados licenciados na sua localidade, dado que, atualmente, os desempregados licenciados podem ser encontrados em toda a Etiópia.

No passado, havia uma *frase em amárico* que dizia: *"Yetemare Yegedelegn"*, que significa literalmente "é melhor ser morto pelos instruídos" e *"Yetemarena yebela wodkom aywodkim"* (os instruídos e os que comem mais nunca ficam falhados) e, em contradição com isto, há um ditado que se está a tornar comum hoje em dia: *"Yetemare yet dereseT"*, que significa literalmente "o que é que os instruídos conseguiram? Estas frases, penso eu, podem facilmente mostrar que o valor que a sociedade atribui à educação formal está a diminuir na Etiópia hoje em dia. A esperança dos jovens de progredir através de uma educação formal está a diminuir. Esta constatação está também em conformidade com o trabalho de Dale (2014), que estudou a situação dos jovens desempregados em Adis Abeba e afirmou que os jovens têm menos esperança de progredir através de uma educação formal.

7.7. Resumo

Neste capítulo, analisei as experiências de desemprego dos jovens licenciados. A forma como passam o tempo, a maneira como os jovens expressam o desemprego a partir das suas realidades vividas, a forma como lidam com ele e os seus custos são brevemente destacados. As experiências de desemprego são heterogéneas. O desemprego é considerado como um período em que se perdem os talentos e as competências dos licenciados. O estudo indica que a má gestão do tempo é comum entre muitos dos jovens licenciados desempregados. O estudo salientou que os jovens licenciados dependem de outros para satisfazer as suas necessidades básicas e sentem-se deprimidos e com dúvidas quanto ao seu futuro. Por causa do desemprego, a maioria dos jovens licenciados planeia emigrar para zonas distantes para conseguir trabalho, e também se sentem socialmente excluídos no seu local de origem. Os jovens licenciados não conseguiram cumprir as suas responsabilidades de adultos devido ao problema do desemprego. O estudo mostra também que o desemprego dos licenciados está a provocar atitudes negativas em relação à educação e a diminuir o valor da educação formal na sociedade.

CAPÍTULO 8: OPORTUNIDADES, BARREIRAS E ATITUDES PARA AS MPE

8.1. Introdução

Um visitante de outro país que se deslocasse a várias cidades da Etiópia pela primeira vez pensaria que as MPE são um dos sectores que acolhem muitos jovens como meio de emprego no país, porque o visitante pode facilmente ver diferentes tipos de empreendimentos explorados por jovens em todas as partes do país. Segundo a minha observação, a cidade de Sodo serve como um bom exemplo. De acordo com os dados do funcionário das MPEs durante a entrevista de elite, as MPEs são reconhecidas como um meio vital para criar oportunidades de emprego para os jovens, trazer de volta os jovens marginalizados e isolados para a corrente económica principal, abordar os problemas psicológicos associados ao desemprego, encorajar a invenção e a resiliência dos jovens, desenvolver novas experiências e competências, apoiar o crescimento da comunidade local e criar novas oportunidades económicas para todos os sectores da sociedade na cidade de Sodo. No entanto, muitos jovens, especialmente os licenciados, não estão a explorar estas oportunidades na área de estudo. As MPE no país são explicitamente apoiadas pelas políticas governamentais, desde o regime de Haile Selassie I, em 1942, até ao regime atual da EPRDF de Hailemariam Dessalegn, como se mostra na secção sobre *o contexto do estudo*.

Este capítulo discute a categorização das MPEs, as oportunidades e as barreiras à sua exploração, e as atitudes dos licenciados desempregados em relação à criação de empresas nas MPEs. De um modo geral, esta secção ajuda a responder às questões: 'Quais são as oportunidades e as barreiras à criação de empresas em MPEs na área de estudo? E 'Quais são as atitudes dos licenciados desempregados em relação às MPEs? É necessário sublinhar que os dados e a apresentação aqui apresentados dependem da informação empírica recolhida junto dos participantes na investigação. A informação é contextual à situação atual das MPE na cidade de Sodo, durante a qual o estudo foi realizado.

8.2. Categorização das MPEs

Na Etiópia, existem muitas empresas comerciais que são classificadas como MPE. Com base nos dados obtidos a partir de entrevistas de elite, as MPE na área de estudo podem ser classificadas em cinco grandes áreas, nas quais existem diversas actividades. Estas incluem:

1. Sector da Indústria Transformadora

São altamente incentivadas as empresas que se dedicam ao fabrico de produtos locais com novos modelos e à sua venda no mercado local, à alfaiataria, à produção de vestuário, às empresas de artesanato que envolvem a produção de vestuário cultural, couro e produtos de couro, costura de calçado, fabrico, produção e embalagem de produtos alimentares, trabalhos em metal e engenharia, trabalhos em madeira, trabalhos de agro-processamento, olaria, fabrico de tapetes, produção de alimentos e bebidas e outros trabalhos inovadores.

2. Sector da construção

Inclui empregos como o de empreiteiro na construção de estradas e de uma variedade de edifícios, subcontratação de infra-estruturas, extração/mineração de recursos culturais (produção de pedras, que se encontra disponível em toda a cidade), produção de materiais de construção como calçada, mármore e trabalho em calçada (colocação de calçada, pavimentação de caminhos de pedra e varrimento de areia entre calçada), produção e colocação de azulejos e outros empregos relacionados.

3. Sector do comércio

Comércio de produtos electrónicos e venda de software, trabalhos de decoração, cibercafé, trabalhos de laminagem e encadernação, fornecimento de lenha, prestação de serviços de audição e aconselhamento. Trabalhos como armazenar e vender diferentes variedades de produtos alimentares numa loja, pequenas oficinas de fabrico de mobiliário, são exemplos possíveis.

4. Sector dos serviços

De acordo com os dados de especialistas em entrevistas de elite, este sector inclui empregos como artes, entretenimento e serviços recreativos, gestão de resíduos e remediação na cidade, pequenos transportes rurais, café e restaurante, serviços de aluguer e arrendamento, fornecimento de alimentos para hotéis, serviços profissionais, científicos e técnicos, organização de comida para festas, trabalhos em supermercados, pequenas lojas, serviços de coordenação orientados para o município, como o embelezamento do recinto, a recolha de lixo na cidade e a limpeza, a manutenção/guarda, a canalização, os serviços de manutenção e reparação, os serviços de salões de beleza, a abertura de centros de saúde para fins múltiplos, como a venda de medicamentos para animais, a venda de medicamentos para seres humanos e o fornecimento de medicamentos tradicionais em combinação com profissionais de saúde.

5. Agricultura

Trata-se, nomeadamente, da criação moderna de animais, da agricultura, da agricultura urbana, da produção de plantações, da apicultura moderna, da preparação de forragens para animais, da engorda de animais, da criação de aves de capoeira em pequena escala e de actividades conexas. De acordo com a minha observação, existem diversos grupos de pessoas a trabalhar nestas categorias de MPE na cidade de Sodo.

8.3. Oportunidades para as empresas de MSE em fase de arranque

De acordo com a entrevista da elite, o governo dá primazia aos licenciados do Ensino e Formação Técnico-Profissional (TVET) e aos licenciados de universidades e institutos superiores no apoio à criação de MPE. Os entrevistados de elite também indicaram que outras categorias, como as mulheres desempregadas e os jovens sem instrução, também são incentivados a criar MPE. Acrescentaram ainda que é dada a devida consideração aos que perderam os seus empregos por diferentes razões, aos que se reformaram de empregos públicos, aos deficientes e aos[23] indivíduos *marginalizados*. As entrevistas com as elites revelaram ainda que o governo proporciona às pessoas dispostas a criar MPE locais de produção e venda, empréstimos, redes de mercado, reforço e apoio, acompanhamento, formação de diferentes tipos em função da sua vitalidade e serviços de auditoria. No entanto, como mostram os dados das entrevistas, esse apoio não existe na prática, mas os dados das discussões dos grupos de centragem revelaram que havia promoção das MPE através de vários meios de comunicação social. De acordo com Arzeni e Mitra (2008), no início do século XXI, o empreendedorismo dos jovens tem merecido a atenção das políticas públicas para ultrapassar os desafios do desemprego. Este facto é confirmado pelo meu estudo. O desenvolvimento de várias políticas na Etiópia, desde Haile Selassie I em 1942 até ao atual regime EPDRF de Hailemariam Dessalegn, mostra-nos que, de facto, a promoção das MPE está no centro das principais políticas económicas do país. Essas políticas estão a ser postas em prática no terreno? Como revelaram os FGD, existem atualmente boas políticas, mas são como um *"leão desdentado"*, apenas copiadas de outros locais, impressas e distribuídas, mas não implementadas no terreno.

Um dos participantes na investigação, em entrevistas de elite, argumentou que os jovens licenciados têm, de facto, falta de competências, de sensibilização e de conhecimentos sobre a criação de empresas nas MPE, mas a ausência de empregos *de colarinho branco* para todos os licenciados, associada ao desemprego mais elevado que afecta todas as categorias de cidadãos, incluindo as mulheres e os que abandonam o ensino secundário, levou o governo a apresentar as MPE como um mecanismo vital para ultrapassar o desemprego em geral e o desemprego educativo em particular. É com este objetivo que, em todos os níveis de governo, desde o federal até ao nível *kebele*, existem organismos responsáveis pela coordenação dos assuntos das MPE, como tentei referir na secção sobre *o contexto do estudo*. O reconhecimento pelo governo etíope do papel das MPE na luta contra o desemprego e a criação de instituições que as coordenam a diferentes níveis podem ser considerados uma oportunidade.

Os participantes na investigação numa entrevista de elite indicaram que o interesse do licenciado e as propostas de negócio são um critério para obter financiamento e apoio relacionado da administração local. A sua filiação política não é tida em consideração para obter apoio, de acordo com os dados

---

[23] Indivíduos com o vírus da imunodeficiência humana

obtidos na entrevista de elite. Indicaram que o bilhete de identidade do *kebele,* a carta de recomendação do *kebele* (declarando que são pessoas trabalhadoras, sem dependência do álcool, sem crime, sem empréstimos), a formação de uma equipa de pelo menos dois licenciados, o que na verdade depende dos seus planos de negócios e do tipo de negócio, e a poupança de um montante mínimo de 20% do dinheiro que precisam de obter como empréstimo do governo, são as condições que precisam de ser cumpridas para obter um empréstimo e outros apoios para o arranque de negócios nas MPE. No entanto, como revelam os dados das entrevistas e dos FGD, o fundo e os apoios conexos não são distribuídos de forma equitativa com base numa proposta de negócio, mas a filiação política e os antecedentes familiares ou o facto de ter um familiar no cargo desempenham um papel importante. Todos os participantes na minha investigação estiveram desempregados durante mais de um ano, como indicado na secção de *conceitos básicos* e *metodologia.* Durante este período, alguns deles afirmaram ter tentado criar empresas, mas não conseguiram devido a vários obstáculos.

8.4. Barreiras à entrada para a criação de MPE

Em relação ao arranque de empresas nas MPE, os participantes na investigação mencionaram uma série de desafios. A criação de empresas em MPEs não é fácil na prática, particularmente para aqueles que investiram todo o seu tempo e dinheiro na educação formal, que não tem qualidade e não oferece cursos orientados para o empreendedorismo. O facto de existirem muitas oportunidades de emprego nas MPEs na área de estudo não implica, de forma alguma, a ausência de desafios para a criação de empresas. A minha pergunta foi no sentido de investigar as barreiras, porque é que os jovens licenciados não estão a decidir iniciar a sua carreira nas MPEs acima mencionadas. Seguiram-se muitas respostas diferentes. Não creio que as barreiras abaixo mencionadas sejam as únicas, dado que este estudo se baseia nos dados recolhidos junto de 18 desempregados, numa entrevista de elite com 2 peritos e na observação direta. No entanto, diria que este estudo pode mostrar os possíveis obstáculos que impedem os jovens licenciados de criarem as suas próprias empresas nas MPE.

8.4.1. Falta de educação e formação orientadas para as MPE

A Educação para o Empreendedorismo é relevante para inculcar os valores e os resultados positivos de gerir as próprias empresas, a gestão e outras competências vitais para o empreendedorismo (Valerio et al, 2014). Raimi (2015), salientou que o desenvolvimento do capital humano através do investimento em formação e desenvolvimento de competências é relevante para permitir que os indivíduos explorem as actividades empresariais de forma produtiva. Tal educação está em falta, de acordo com todos os participantes da pesquisa. De acordo com os dados do GFD, os participantes na investigação consideram que lhes falta o conhecimento das condições do mercado de trabalho, o conhecimento sobre a gestão das empresas e as competências técnicas para identificar e utilizar as oportunidades de forma sensata. Um dos participantes da investigação, durante uma entrevista, disse

" Fomos obrigados a utilizar as MPE como últimas oportunidades, mas não fomos bem equipados nem apoiados para as explorar como uma carreira. " (F, Mulher)

Devido à falta de orientação, a maioria dos participantes neste estudo não sabe "o que é possível" no âmbito da MSE. A sua procura de empregos *de colarinho branco* é moldada pela sua educação escolar que aumentou as suas expectativas em relação a empregos *de colarinho branco*. Soni et al (2014) argumentaram que as instituições de ensino superior em África não estão a educar os jovens para competências valiosas que são importantes para as suas exigências locais. Este facto é também confirmado pelo presente estudo. Um dos participantes na investigação afirmou

"Penso que as MPE requerem muita experiência, conhecimentos importantes, pelo menos no que respeita à gestão do dinheiro, dos clientes, dos recursos humanos, etc., mas eu não os tenho todos" (P, homem).

A partir desta citação, é compreensível que os jovens licenciados desempregados declarem a sua falta de competências valiosas para iniciarem MPEs e que indiquem como razões os problemas de qualidade na escolaridade e a ausência de formações relevantes. Esta situação também foi confirmada durante as entrevistas de elite, uma vez que um dos participantes na investigação revelou que o governo local sabe que a maioria dos jovens licenciados das faculdades e universidades não está sensibilizada para as MPE. A maioria dos participantes da investigação durante as entrevistas e as discussões dos grupos de centragem argumentou que o atual sistema de ensino não os capacita para tais competências.

8.4.2. Factores económicos

Não só a falta de formação e de apoio à educação formal, mas também a falta de acesso a meios financeiros, a falta de infra-estruturas básicas, a falta de algumas infra-estruturas, as redes de comunicação deficientes, a falta de água, o corte diário da energia eléctrica, a impossibilidade de acesso ao mercado e a lama que bloqueia as estradas durante as estações chuvosas foram também alguns dos constrangimentos repetidamente mencionados durante as entrevistas e as discussões dos grupos de centragem pelos participantes na investigação que impedem o envolvimento dos licenciados nas MPE.

No passado, as MPE eram consideradas uma atividade menor e improdutiva, utilizada como forma de fugir aos impostos e com poucas esperanças de progredir na melhoria da capacidade empresarial (Aynadis e Mohammednur, 2014). Mas hoje, o seu papel na superação do desemprego, no aumento do crescimento económico e na luta contra a pobreza é amplamente reconhecido na perspetiva dos especialistas em entrevistas de elite. De acordo com o estudo de Aynadis e Mohammednur (2014), o governo etíope oferece gratuitamente uma área de produção e de exploração, uma área de exposição gratuita, apoio financeiro, criação de ligações de mercado, promoção gratuita, etc. Os dados das entrevistas com a elite também indicaram o mesmo neste estudo. No entanto, de acordo com a maioria dos participantes na investigação, isto não é verdade. Dizem que se trata sobretudo de retórica, como tentei mencionar na *secção 8.3* acima. Não dizem que não existe qualquer apoio, mas que é inadequado. Eu diria que, de facto, o apoio que o governo local está a dar aos potenciais empresários para iniciarem um negócio de MPE não é suficiente. Durante a discussão dos grupos de centragem, alguns dos participantes na investigação que decidiram experimentar as MPE e falharam salientaram que a falta destes factores económicos os impediu de agir de forma independente para escolherem os negócios que mais lhes interessavam e conheciam. Alguns jovens licenciados desempregados revelaram, durante a discussão dos grupos de centragem, que estão quase a perder a esperança, uma vez que os seus pedidos de empréstimo foram rejeitados muitas vezes e afirmaram que foram obrigados a esperar tempos desconhecidos para obter o capital inicial. Um dos participantes na investigação afirmou: *"Os funcionários locais prometeram fornecer capital de arranque, depois apresentámos a proposta em grupo e, após um longo período de espera, disseram que o orçamento tinha acabado ou que já tinha terminado. O que eles fornecem é, na maior parte das vezes, uma promessa"* (G, homem).

Na perspetiva de muitos dos participantes durante as discussões dos grupos de centragem, a falta de crédito sustentável e a crescente inflação da economia, que aumentam o capital de arranque e criam desequilíbrios na economia, fizeram com que os licenciados desempregados se mostrassem cépticos quanto à utilização das oportunidades.

Os dados das entrevistas e das discussões dos grupos de centragem indicam que existe um entendimento de que há incentivos, como isenções fiscais, arrendamento barato de terrenos e mão de obra barata, oferecidos às grandes empresas estrangeiras, mas que as MPE não são favorecidas, o que também afecta a sua atitude em relação às MPE. Foi mencionado acima que a vantagem das MPE é o facto de poderem ser criadas com um baixo custo de capital, mas *"de onde vem essa pequena quantidade de capital?"* é a pergunta de muitos licenciados desempregados neste estudo. Além disso, um dos participantes na investigação disse o seguinte "Não existe um *seguro de segurança e de saúde para os operadores de MPE por parte do governo ou de outros organismos competentes"* (O, homem). Como eu sou um *insider*, de facto não existe tal coisa na área de estudo, o que afecta negativamente o envolvimento dos licenciados nas MPEs.

8.4.3. Desafios institucionais

De acordo com os dados das discussões dos grupos de centragem e das entrevistas semi-estruturadas, as burocracias pouco profissionais, a corrupção e as várias subclasses exclusivas que surgem de repente excluem muitos jovens da possibilidade de obterem atempadamente apoio para a criação de empresas em MPE, para além dos desafios acima referidos. Muitos dos participantes na investigação também argumentaram que, sem obterem benefícios pessoais ilegais, alguns dos funcionários da administração local e dos funcionários públicos não prestam os seus serviços regulares. Eu diria que a corrupção está a ser considerada como uma atividade normal e quase todos aspiram a envolver-se nela, de acordo com a minha *posição*. Devido a estes factores, alguns dos participantes na investigação durante a entrevista indicaram que estão quase a perder as esperanças de pedir às instituições governamentais para obterem um capital de arranque e, surpreendentemente, alguns dos participantes na investigação não tentaram pedir apoio, depois de verem a história anterior dos seus amigos e familiares que pediram mas não conseguiram obter esses apoios após longas esperas e tentativas. A informação que tinham sobre a má governação, por exemplo, a imposição de impostos com base nas redes sociais e não na dimensão e na natureza do negócio, dada pelos seus amigos que trabalham em MPE, também bloqueou a sua esperança de experimentar as MPE como carreira.

Há também uma tendência para os políticos e os meios de comunicação social controlados pelo Estado considerarem os jovens licenciados desempregados como indolentes, pouco trabalhadores ou preguiçosos, se não criarem as suas próprias empresas em MPE. No entanto, toda a gente quer ser valorizada. Um dos participantes na investigação, durante uma entrevista, disse: *"Por vezes, os líderes das kebele insultam-nos quando nos deslocamos repetidamente aos escritórios para obter informações para verificar as vagas e os apoios às empresas, porque detêm o poder político. Porquê? Isto tem de ser abandonado"* (R, homem). A maioria dos participantes neste estudo argumentou que se encontra numa posição de desvantagem. Pensam que não lhes foi dado um lugar de fala numa reunião para exprimirem a sua voz, e sentem-se excluídos e privados. Eu diria que, por vezes, a continuação deste tipo de tratamento pode resultar em revolta ou revolução dos jovens. É preciso dar a devida atenção aos assuntos da juventude, porque eles são a esperança do futuro. Na Etiópia, está documentado que os jovens frustrados contribuem para a insegurança política (CSA, 2011). Se os organismos competentes dos sectores governamental e das ONG com autoridade legal tratarem os outros de forma antidemocrática, será difícil criar instituições modernas. O Comité da Sociedade Civil 2006, tal como citado em Perttila (2001:15), referiu que o bom sentimento é muito importante e que um indivíduo que se sente excluído também dificilmente influencia a participação e é um cidadão ativo. Assim, defendo veementemente que a valorização dos jovens desempregados é essencial.

De acordo com os dados das entrevistas e das discussões dos grupos de centragem, a falta de modelos a seguir, a falta de lojas e centros que forneçam novas tecnologias e equipamentos para os meios de produção locais na área de estudo, a falta de centros de investigação que conduzam e divulguem informações relacionadas com os mercados, contribuíram para a sua inação em relação à criação de empresas de MPE. Havia também o receio de que, se começassem, as pessoas não utilizassem os seus produtos ou não aceitassem a qualidade dos mesmos, alguns dos participantes na investigação citaram alguns dos seus amigos que falharam anteriormente. Alguns também referiram a falta de gabinetes e agências de promoção que forneçam informações sobre o mercado em tempo útil.

De acordo com os dados das entrevistas às elites e das discussões dos grupos de centragem, não existem subsídios de desemprego na cidade de Sodo, mas há uma tendência para fornecer bilhetes de identidade aos desempregados com a intenção de dar prioridade se houver uma formação no futuro, ou para fazer com que os jovens participem em alguma atividade voluntária, que não estão dispostos a fazer se o pagamento não for feito. Por vezes, para emitir o bilhete de identidade de desempregado, a sociabilidade e as redes desempenham um papel fundamental, e quase nada pode ser feito seguindo as regras estabelecidas. De acordo com as entrevistas às elites, também não existe um centro de dados que registe o perfil dos licenciados, os departamentos e os anos de licenciatura na área de estudo, o que seria importante para conhecer claramente o número de licenciados e para dar prioridade aos desempregados de longa duração no apoio a possíveis empresas.

8.4.4. Influência da comunidade, da família e dos pares

Com base nos dados das entrevistas e das discussões dos grupos de centragem, a decisão de um indivíduo de selecionar um emprego pode ser influenciada pela comunidade, pela família e pelos seus pares. As histórias de licenciados de colégios e universidades que cortam o cabelo, engraxam sapatos, fazem alfaiataria, constroem calçadas e criam aves estão a tornar-se cada vez mais comuns noutras partes da Etiópia e há alguns licenciados de colégios e universidades que também se dedicam a este tipo de atividade na cidade de Sodo. De acordo com os conhecimentos que tenho da comunidade, a sociedade não aprecia o facto de os jovens tentarem mudar de vida com este tipo de trabalho. Não honram todos os empregos numa base de igualdade. Até mesmo alguns políticos de partidos da oposição divulgam em vários meios de comunicação social a mensagem que indica a participação de jovens licenciados em MPE, como as de calçada e outras, como um fracasso do atual partido político no poder em proporcionar empregos *de colarinho branco*, porque argumentam veementemente que esses empregos não são qualificados para os licenciados. Esta visão, penso eu, afecta negativamente a vontade dos licenciados em relação às MPE. Ezzy (2001) salientou que o emprego remunerado é normalmente entendido como uma parte essencial para se tornar um adulto autónomo na sociedade contemporânea. Mencionou que um emprego remunerado é apenas uma forma de história curta das pessoas. A maior parte das práticas actuais de desemprego são descritas como a incapacidade dos indivíduos de encontrarem reconhecimento fora de uma ocupação assalariada (ibid.). Neste estudo, quase todos os participantes na investigação argumentaram que têm o desejo de trabalhar num emprego *de colarinho branco*, como se estivessem presos pela influência das visões sociais.

De acordo com os meus conhecimentos sobre a comunidade, devido à minha *"posição"* e *"personalidade"*, quando os estudantes iniciam os seus estudos universitários na Etiópia, as comunidades costumam chamar-lhes a profissão que esperam ter no futuro, com base nas qualificações que iniciaram na escola. Por exemplo, os que estudavam educação costumavam ser designados por professores, os que estudavam áreas relacionadas com a política eram designados por administradores, os que estudavam direito eram designados por juízes/advogados, os que estudavam técnicas ou engenharia eram designados por engenheiros, os que iniciavam a sua formação em áreas relacionadas com a saúde eram designados por médicos, etc. A comunidade costumava chamar uma pessoa por este nome desde o início da sua formação até à conclusão do curso superior ou da universidade, e continuava também na sua vida futura. De acordo com alguns dos participantes na investigação durante as entrevistas, esta tendência molda as suas atitudes em relação aos empregos de colarinho branco e também impede os jovens licenciados de escolherem as MPE como carreira.

Alguns dos participantes da minha investigação durante as discussões dos grupos de centragem também afirmaram que a sua família não os encoraja a iniciar um negócio de MPE. Alguns dos pais querem alcançar prestígio social através dos seus filhos e preparar empregos para eles também. Um dos participantes da investigação, durante uma entrevista, disse

"A minha exigência é o rendimento e as MPE são uma forma de o obter. Mas é uma vergonha para mim trabalhar com uma coleção de pessoas sem instrução depois de ter investido o que tenho na educação. É uma grande vergonha para a minha família, que não quer que eu faça este tipo de trabalho. (L, homem).

Este tipo de tendências também foi documentado anteriormente na Nigéria (Olaniyan e Okemakinde, 2008). Olaniyan e Okemakinde alertaram para o facto de os pais não deverem pedir aos filhos que trabalhem na profissão que eles querem (ibid.).

Na Etiópia, existe a chamada *"yilugnta"* em amárico e *"Woyganddiya"* em wolaita-dona[24] , que significa literalmente estar mais preocupado com o que os outros dizem sobre si próprio, e a maioria dos participantes no meu estudo afirmou estar preocupada com o que os outros dizem sobre eles e sentir vergonha de trabalhar em empregos humildes. Mains (2012) encontrou o mesmo resultado durante o seu estudo na cidade de Jimma, no sudoeste da Etiópia, onde os jovens urbanos tinham muita vergonha de trabalhar naquilo a que preferem chamar empregos *de "baixo estatuto"*. As aspirações dos jovens licenciados são contraditórias; por um lado, sentiam-se definitivamente atraídos por obterem o seu próprio rendimento para serem independentes e, por outro lado, estavam preocupados com o seu prestígio e estatuto para aceitarem qualquer emprego acessível na cidade

---

[24] Frase Wolaita

devido à sua atitude errada em relação a esses empregos. Um participante na investigação disse Aqui toda a gente nos odeia se trabalharmos em empregos de *"baixo estatuto"*. E acrescentou,

"Por exemplo, se um licenciado trabalhar numa colocação de calçada ou num corte de cabelo, será uma agenda para os meios de comunicação social porque essas coisas não são muito praticadas. Os teus amigos têm vergonha de falar contigo quando estás a trabalhar em calçada ou nesses trabalhos produtivos que são subestimados, até é difícil ter uma namorada para os homens quando trabalham nesses trabalhos e especialmente difícil para as mulheres terem um namorado (C, Mulher).

Alguns participantes na investigação também indicaram que não estão interessados nas MPE devido à sua exposição aos meios de comunicação social internacionais, que apresentam a vida noutras partes do mundo, e que se aborrecem com as realidades locais sombrias. Olham para as fotografias dos seus amigos que vivem no estrangeiro através do Facebook e aborrecem-se com os desafios administrativos locais e alguns pensam em emigrar para outro lugar. Como já foi referido, isto é particularmente verdade para os licenciados desempregados solteiros do sexo masculino e feminino, mas não para os grupos de mulheres casadas.

8.4.5. Responsabilidades pessoais

É amplamente aceite que o esforço individual é importante em qualquer tipo de sucesso profissional. Há licenciados que ficam em casa e não pagam um preço para fazer as coisas. Uma das participantes no estudo disse: *"Estou sempre ocupada com as tarefas domésticas e não tenho tempo para criar redes e procurar informações vitais"* (A, mulher). Todas as mulheres casadas e licenciadas neste estudo não dedicaram tempo suficiente para criar os seus próprios negócios em MPEs ou mesmo noutros empregos. Como mostram os dados da entrevista, elas têm um forte desejo de ter um emprego, mas algumas não têm informações relevantes sobre as vagas e também não querem trabalhar num lugar longe de sua casa. Campens et al (2012) argumentam que as preferências locais podem levar os desempregados a rejeitar profissões demasiado distantes do *agregado familiar* ou dos amigos.

Apesar de, como Oxenfeldt citado em Arzeni e Mitra (2008:39), argumentar que os indivíduos desempregados escolhem o autoemprego como uma preferência valiosa, neste estudo, devido a estes factores, as MPE não foram escolhidas pelos licenciados desempregados neste estudo.

8.5. Atitudes em relação a várias oportunidades de emprego

De acordo com os dados das entrevistas, a maioria dos participantes na investigação argumenta que se qualifica para empregos *de colarinho branco* em instituições de ensino, instituições privadas, ONGs e organizações comunitárias. Um dos participantes na investigação argumentou que *"os empregos no sector público são simples, é só aceitar as ordens dos funcionários superiores e executá-*

las, como me disseram muitos dos meus amigos que lá trabalham" (F, mulher).

Há um entendimento de que, sejam quais forem, os empregos *de colarinho branco* são mais fáceis do que tentar criar empresas próprias nas MPE sem as competências, os conhecimentos e o apoio necessários.

Ao mesmo tempo, os licenciados pensam que estão *"sobrequalificados para criar empresas em MPE"*, mencionando o tempo que passaram na escola, que é superior a treze anos para todos os incluídos neste estudo. Alguns sentem que a sua vida sem um emprego *de colarinho branco* é desesperada e exigem também trabalhar em qualquer emprego do sector público que possa estar abaixo das suas qualificações. Se tiverem essa oportunidade, esperam um futuro brilhante através da acumulação de experiências para os empregos *de colarinho branco* altamente remunerados nos sectores públicos, ONG e instituições privadas. Este facto é também confirmado nos estudos anteriores de Serneels (2007). Ele argumentou que os jovens urbanos na Etiópia procuram empregos *de colarinho branco*. Muitos dos licenciados desempregados deste estudo consideram que o emprego em empregos de colarinho branco é a fonte de reconhecimento.

Como indicam os dados do FGD, alguns dos participantes na investigação preferem esperar por empregos *de colarinho branco*, tendo em conta a questão do salário, benefícios, pensões, variedades de seguros, desafios de arranque de negócios nas MPEs, e a oportunidade futura, como as hipóteses de bolsas de estudo, para além da sua procura de empregos que correspondam às suas qualificações. No entanto, a maioria dos participantes na investigação afirmou que a obtenção de um emprego *de colarinho branco* é conseguida por um pequeno número de licenciados. Guarcello e Rosati (2007) e CSA (2011) também descobriram que os jovens que entram no mercado de trabalho com um nível de educação superior na Etiópia enfrentam mais dificuldades em encontrar emprego.

Observei a diferença na perceção das preferências profissionais entre os géneros. Os jovens licenciados do sexo feminino não se preparam para trabalhar nas MPE, em comparação com alguns dos jovens do sexo masculino, em especial os licenciados que têm atitudes relativamente positivas. O problema dos jovens licenciados, tal como observado a partir dos dados, é que equacionam a aprendizagem diretamente com a obtenção de um rendimento ou de um melhor avanço económico, o que, para muitos deles, se expressa através da obtenção de empregos *de colarinho branco*.

8.6. Atitudes em relação à criação de empresas nas MPE

Uma atitude positiva é importante, para além do ambiente sociopolítico e dos recursos financeiros para a promoção das MPE (Arzeni e Mitra, 2008). Como os dados das entrevistas revelaram, alguns dos participantes na investigação afirmaram que os rendimentos das MPE são baixos, pelo menos a curto prazo, e que se aborrecem de trabalhar em más condições, como usar roupas sujas e não manter a higiene. Pelo contrário, argumentam que os empregos *de colarinho branco*, mesmo que o pagamento seja baixo, são bons para a saúde, a segurança e o saneamento. Um dos participantes na investigação disse

"Muitas das pessoas que trabalham nas MPE, como a calçada, o embelezamento e a limpeza da cidade, têm um aspeto sujo, cheiram mal e têm um aspeto sujo, especialmente durante o horário de trabalho. Detesto isso. " (C, Mulher). Esta opinião é também partilhada por alguns dos outros participantes na investigação durante a discussão dos grupos de centragem. Eu diria que isto se deve ao baixo nível de tecnologia e à falta de infra-estruturas básicas para apoiar as MPEs na área de estudo.

Todos os participantes na investigação consideram que o ambiente não é favorável à criação de uma empresa nas MPE. Um dos participantes na investigação afirmou: *"Sem apoio, é estranho esperar e incentivar os jovens licenciados a criarem as suas próprias empresas. É como esperar o fruto da manga depois de alguns anos a plantar sem regar e cultivar. "*(R, homem).

É surpreendente que a falta de subsídios de desemprego, a falta de rendimentos e a pobreza não tenham levado os licenciados desempregados deste estudo a utilizar outras oportunidades de autoemprego. O estudo de Belay, Asmara e Tekalign (2015) indicou que, quando chamados para a formação, a maioria dos jovens desempregados precisa de algum pagamento e não quer participar na formação sem pagamento. Este estudo também confirma esse fator. Durante a DGF, alguns dos participantes na investigação revelaram que não estão dispostos a participar em acções de formação se não houver pagamento. Um estudo realizado por Srinivasan (2014), concluiu que os licenciados desempregados não têm uma perspetiva positiva e uma boa atitude em relação às startups empreendedoras. No entanto, neste estudo, descobri que, em certa medida, uma atitude positiva em relação à criação de empresas em MPEs foi observada em licenciados do sexo masculino. As mulheres casadas deste estudo querem criar as suas próprias empresas em MPE se, e só se, forem iniciadas pelo governo ou por outros organismos interessados com todas as facilidades importantes. Há também grupos que não pretendem ter esta carreira, nomeadamente as mulheres solteiras deste estudo. Assim, as atitudes em relação à criação de empresas nas MPE não são homogéneas e diferem consoante as qualificações, o sexo e o estado civil. Eu diria que a atitude é algo que não é constante. As atitudes em relação à criação de emprego nas MPE são determinantes importantes da futura atividade empresarial. Para moldar positivamente as suas atitudes, este estudo indica que, na área de estudo, faltam acções de sensibilização para os jovens licenciados desempregados.

8.7. Transferência de culpa?

O aumento contínuo do nível de desemprego tem demonstrado que é cada vez mais difícil concluir totalmente que o aumento do desemprego é da exclusiva responsabilidade do indivíduo ou do seu fracasso. Furnham (1991) concluiu que, em muitos casos, as capacidades e qualidades pessoais desempenham um papel mais importante na obtenção de um emprego do que os factores estruturais ou ambientais. No entanto, os licenciados desempregados deste estudo culpam o governo. Um dos participantes no estudo afirmou

"As MPE são empresas importantes, mas a dificuldade é que o governo diz que cada um tem de criar o seu próprio emprego, sem ter em conta as barreiras. Dizem isto durante as cerimónias de graduação. Por exemplo, 'não esperem pelos empregos do governo e tentem criar os vossos próprios empregos'. Penso que isto tem de ser seletivo, com base nas qualificações. Tenho perguntas a fazer aos organismos governamentais, porque é que não dão a todos educação para o empreendedorismo, se ordenam a todos que criem os seus próprios empregos? (J, homem).

Esta ideia é partilhada por muitos jovens do estudo durante as discussões dos grupos de centragem. O problema é que, sem ter em conta as suas aptidões e competências adquiridas através da educação formal e sem proporcionar as formações e outras facilidades necessárias, todos os licenciados foram instados a abrir o seu próprio negócio ou a trabalhar por conta própria na data da licenciatura. Um dos participantes na investigação argumentou

Sem proporcionar formação e financiamento adequados, a política de "criar a sua própria empresa" indica que os organismos governamentais são negligentes para com os licenciados desempregados. É fácil dar ordens aos outros, mas fazer as coisas sem proporcionar um ambiente de apoio a todos os licenciados é o mesmo que transferir a responsabilidade ou eximir-se de prestar contas. "(N, Homem)

De acordo com as entrevistas da elite, os licenciados não estão a aproveitar as oportunidades, mas os licenciados desempregados dizem que não há apoio adequado. Eu diria que é importante evitar os dois extremos: por um lado, a voz do governo que indica que o ambiente é bastante seguro para a criação de empresas nas MPE e, por outro lado, a perspetiva da maioria dos jovens desempregados que culpam totalmente outras entidades pelo seu problema de desemprego, sem tentarem utilizar as MPE ou qualquer outra oportunidade de autoemprego. Também defendo que conceber boas políticas e alterá-las muitas vezes sem garantir a sua aplicação prática através do reforço de uma instituição de apoio é como escrever sobre a água.

Na minha opinião, é lógico argumentar que todos os organismos (jovens, governo e outros organismos interessados) são responsáveis por ultrapassar o desemprego dos licenciados através do aumento do seu envolvimento nas MPE e da superação dos problemas ambientais.

8.8. O futuro das MPE: Os licenciados vão mudar para as MPE?

Dada a sua aceitação a nível global para reduzir o desemprego, aumentar o crescimento económico e reduzir a pobreza, não é surpreendente que o governo etíope tenha feito esforços notáveis para promover a expansão e o crescimento das MPE no país atualmente. Quando questionados sobre os seus planos para o futuro, alguns dos participantes na investigação manifestaram a intenção de recorrer às MPE se lhes fosse dada formação relevante, aconselhamento empresarial, apoio de mentores, acesso a um espaço de trabalho e apoio à expansão do negócio.

Na Etiópia, há um ditado comum que diz *"dengayem yetemare yitrebegn alech"*, uma frase *amárica* que significa literalmente que a pedra da calçada prefere ser colocada pelos instruídos, o que mostra um certo grau de participação dos instruídos, incluindo os licenciados, na construção da calçada. A citação mostra que os empregos de *colarinho branco* são difíceis de obter para muitos jovens licenciados e a entrada de indivíduos com formação académica em empregos de calçada hoje em dia. Mas, neste estudo, nenhum participante da investigação está interessado em trabalhos como a construção de calçada ou a recolha de lixo na sua localidade, porque pensam que é um trabalho de baixo estatuto e que lhes retira o seu estatuto se fizerem esses trabalhos nas suas localidades, onde todos os conhecem como licenciados.

Alguns dos participantes na investigação argumentaram que são relativamente melhores do que outros para explorar as oportunidades nas MPEs. Durante a discussão dos grupos de centragem, um dos participantes na investigação disse o seguinte *"Nós, os licenciados, podemos levar vantagem sobre os não licenciados, porque eles não sabem bem como gerir a mão de obra, o tempo e o custo dos recursos. Os que não concluíram o ensino superior estão a enriquecer num curto espaço de tempo. Por isso, se tentarmos esta vantagem, seremos bem sucedidos"* (Q, homem).

Este facto demonstra o interesse de alguns licenciados desempregados em utilizar as oportunidades nas MPE como sua carreira, se o governo proporcionar um ambiente favorável. No entanto, como revelam os dados das discussões dos grupos de centragem, alguns dos participantes na investigação argumentam que preferem esperar para serem contratados em empregos *de colarinho branco*, e alguns também planeiam continuar o seu investimento em capital humano ou ir para longe da sua localidade para trabalhar em qualquer emprego disponível. De acordo com as entrevistas da elite, o segundo Plano de Crescimento e Transformação (2015-2020) foi concebido para criar muitos empregos para jovens e mulheres, e o governo já concebeu um plano para apoiar aqueles que querem estabelecer as suas próprias MPEs, mas os licenciados desempregados juraram que não existe um clima de apoio para as startups nas MPEs. De acordo com Gnyawali e Fogel (1994), o desejo e a capacidade de iniciar uma nova empresa podem ser reforçados se não existirem obstáculos para os potenciais empresários durante o processo de arranque e se os potenciais empresários forem assertivos quanto ao facto de o apoio externo poder ser facilmente encontrado quando necessário. A maioria dos participantes na investigação, durante as entrevistas e as discussões dos grupos de centragem, revelou que não conhecia nenhum jovem licenciado que tivesse iniciado com êxito uma atividade empresarial no domínio das MPE.

8.9. Aspirações futuras

Todos os jovens licenciados deste estudo se encontram frequentemente na transição dos lugares de esperança da escola, onde constroem aspirações, e dos seus pais e familiares, de quem dependeram para satisfazer todas as suas necessidades básicas sem vergonha, para o local de trabalho, onde a obtenção do emprego que desejam é problemática. A falta de capacidade para encontrar um emprego *de colarinho branco* é a causa central do desânimo e do sentimento de autoestima do indivíduo. Por outro lado, os planos de vida e as aspirações de ter um emprego de *colarinho branco* no futuro também podem ser uma fonte de esperança num período sombrio, embora incerto. Um dos participantes na investigação disse: *"Não perguntes pela minha vida agora. Estou inativo. Mas tenho um sonho e um dia hei-de ser rico e viver uma vida melhor"* (H, homem).

Este caso sugere que, apesar das suas circunstâncias actuais, alguns dos participantes na investigação não "cortam *a esperança"* e têm um desejo de mudança e progresso num futuro próximo. As articulações da maioria dos participantes na investigação sobre o futuro diferem, mas a maioria aspira a mais e mais coisas. Os licenciados desempregados que não eram casados esperam ter uma vida melhor, um bom emprego, carros próprios, casar, ter filhos e ser um modelo para os outros. Toda a gente deseja ter uma vida boa. Há uma procura de seguir as modas, de gostar de música, de ter um lazer, apesar dos problemas de desemprego com que se deparam. No entanto, a maioria dos participantes na investigação pergunta-se: "Durante quanto tempo vou viver como desempregado?

8.10. Resumo

Em suma, as MPE são diversificadas e deveriam permitir ultrapassar o desemprego dos jovens licenciados. Considera-se que as atitudes e mentalidades positivas dos jovens em relação a elas são relevantes. Discuti as oportunidades disponíveis no âmbito das MPE, que mostraram que as MPE são de natureza variada, mas muitos dos obstáculos acima referidos estão a limitar o envolvimento dos licenciados nas MPE. O estudo indicou que os empregos *de colarinho branco* são os "fornecedores de reconhecimento" e são considerados "simples de fazer", em vez de criar empresas em MPE. A maioria dos participantes na investigação culpa o governo pelo seu problema de desemprego, e o governo também culpa os jovens licenciados por não aproveitarem as oportunidades disponíveis. Os licenciados argumentam que não existe um ambiente favorável. Se o governo ultrapassar as barreiras acima referidas, muitos dos jovens licenciados tencionam mudar a sua mentalidade para as MPE, em vez do sector público inchado e dos empregos *de colarinho branco*. Pode dizer-se que todos os participantes na investigação carecem de conhecimentos básicos sobre como planear, liderar e gerir as MPE e que lhes faltam as competências necessárias e a sensibilização para as MPE.

CAPÍTULO 9: CONCLUSÕES E RECOMENDAÇÕES

9.1. Introdução

Este último capítulo da tese apresenta as conclusões e formula algumas recomendações com base nos resultados do estudo. Apresenta também as áreas de investigação futura.

9.2. Conclusões

No capítulo introdutório, afirmou-se que pouco se estudou sobre as experiências de desemprego dos jovens licenciados e as suas atitudes em relação à criação de empresas em MPE. Além disso, foi referido que, sem uma investigação aprofundada, não é possível saber como os jovens licenciados vivem o desemprego e como encaram a criação de empresas em MPE. Foram identificadas as suas atitudes em relação às MPE e as barreiras que moldam as suas mentalidades, e foram discutidas as suas experiências de desemprego, que se acredita serem vitais para contribuir para preencher as lacunas.

Este estudo procurou contribuir para uma melhor compreensão da forma como os jovens licenciados vivem o desemprego e das suas atitudes em relação à criação de uma empresa nas MPE. Ao analisar as questões com que os jovens licenciados se deparam durante a procura de emprego, foi discutida a importância do capital humano, do carácter pessoal e de outros factores. Além disso, ao analisar as experiências de procura de emprego dos licenciados, a tese discutiu o seu comportamento na procura de emprego e os factores responsáveis por esse comportamento. Esta tese também analisou as realidades actuais com que os jovens licenciados se deparam e as suas expectativas para o futuro, utilizando exemplos empíricos importantes.

Não há dúvida de que o desemprego juvenil na Etiópia é um sério motivo de preocupação, mesmo que o país esteja atualmente a tornar-se uma das economias em rápido crescimento em África. As consequências destrutivas são demasiado graves para se pensar nelas. A maioria dos jovens licenciados prefere uma profissão estável, bem remunerada e segura nas ONG ou no sector público do que optar pelas MPE.

O estudo também salientou que o desemprego, por si só, não é um fator determinante para o envolvimento dos jovens licenciados nas MPE. Além disso, muitos dos licenciados não possuem as competências necessárias para iniciar um negócio, não têm o apoio financeiro e moral do governo e da família. Além disso, pensam que o seu nível de educação e competências são suficientes para empregos *de colarinho branco* e não devem ser "desperdiçados" nas MPE.

Este estudo conclui que os jovens licenciados desempregados satisfazem as suas necessidades materiais dependendo dos outros e sentem-se privados por esse facto. Desejam assegurar um futuro melhor para si próprios e querem tornar-se o tipo de homens e mulheres que vivem uma vida decente e que são admirados nas suas sociedades.

O estudo indicou que as MPE não são promovidas nas instituições de ensino para encorajar os jovens licenciados e mudar as suas mentalidades de forma positiva em relação à criação de empresas em MPE. Em vez disso, a tónica tem sido colocada no desenvolvimento de políticas e estratégias, que são, na sua maioria, influenciadas pelos factores estruturais e pelas burocracias estabelecidas localmente. Concluindo, portanto, apesar de as MPE terem sido apresentadas como uma oportunidade para os jovens licenciados, os objectivos das MPE não foram bem sucedidos devido a várias barreiras, como a falta de ambientes de apoio, burocracias não profissionais e as elevadas expectativas dos licenciados após a escolaridade, a inadequação das qualificações, a natureza da sua educação e as personalidades dos licenciados.

Eu diria que o ponto forte desta tese é o seu carácter de análise exaustiva dos diferentes desafios que os jovens licenciados enfrentam de vários pontos de vista. De acordo com a perspetiva da teoria do capital humano, as conclusões deste estudo concordam que os investimentos em formação e educação são valiosos para conseguir emprego, mas esta tese também expôs outros factores em jogo, como a corrupção e a má administração. Com base nas conclusões deste estudo, ao equiparar a educação diretamente aos rendimentos, a teoria do capital humano não tem em conta as dificuldades estruturais com que se deparam os licenciados, que são os factores que mais dificultam o processo de procura de emprego. Esta tese também discutiu em profundidade as experiências de desemprego e identificou que o desemprego conduz à exclusão social e não à inclusão, e desperdiça o capital humano dos licenciados. Além disso, a tese analisou as oportunidades e os obstáculos à criação de empresas nas MPE, tendo em conta várias questões, e identificou vários problemas, tais como a falta de educação e formação orientada para as MPE para os licenciados, os desafios económicos, os problemas institucionais, a influência da comunidade, da família e dos pares, e as responsabilidades pessoais que impedem os licenciados de utilizar as oportunidades nas MPE. Eu diria que a minha posição como membro do grupo étnico Wolaita me deu um conhecimento mais alargado da comunidade. Sou um *'insider'* e tenho um conhecimento sobre a comunidade que não é acessível a *'outsiders'*, o que é também o ponto forte desta tese.

A abordagem fenomenológica da tese foi útil. A utilização de múltiplos métodos, tais como entrevistas de elite, entrevistas semi-estruturadas, DGF e observação direta, em combinação com fontes de dados secundárias, deveria reforçar a validade dos resultados do estudo. Além disso, as conclusões da tese são comparáveis às conclusões do estudo de Mains (2012), que teve lugar noutra região e em contextos diferentes do presente estudo, particularmente no que diz respeito às experiências de desemprego. O trabalho de Mains (2012) foi uma fonte de inspiração para a realização deste estudo. Os resultados em relação às experiências de desemprego dos licenciados também se assemelham ao estudo de Dale (2014), que também teve lugar noutra região e em contextos diferentes do presente estudo. Assim, o facto de a investigação ter sido realizada em Sodo poderá ter sido um contributo valioso para as conclusões sobre as experiências de desemprego dos jovens noutros contextos.

No que diz respeito à generalização, a metodologia qualitativa que emprega uma abordagem fenomenológica descreve e analisa sobretudo os relatos subjectivos e as opiniões dos participantes na investigação (Gray, 2004). Preocupa-se tanto com a descrição e análise do contexto, mas não com generalizações sobre populações mais alargadas (ibid.). Isto implica que as conclusões desta tese não são necessariamente representativas dos jovens licenciados urbanos desempregados na Etiópia.

9.3. Recomendações

No que diz respeito aos resultados da investigação, gostaria de fazer as seguintes recomendações:

As atitudes da maioria dos jovens licenciados desempregados em relação à criação de empresas em MPE são negativas devido à falta de ambientes de apoio. Em relação a este aspeto, recomenda-se que os funcionários públicos evitem os discursos de circunstância e prestem apoio em tempo útil. No entanto, os factores ambientais não podem assumir toda a culpa. É preferível ver os problemas a partir de várias direcções e é relevante perguntar "o que posso fazer?" e "porque não?" em vez de culpar apenas os outros. A luta contra o desemprego dos licenciados ou de qualquer outro tipo não é um jogo que um indivíduo possa jogar e ganhar como um desporto de corrida, mas exige uma espécie de colaboração entre todos os organismos envolvidos, incluindo o governo, a juventude, a sociedade, os doadores, as escolas, as universidades e as instituições religiosas.

De acordo com os informadores da investigação, deveria haver uma regulamentação e um acompanhamento rigorosos da qualidade do ensino, em especial das faculdades e universidades privadas que vendem documentos educativos a troco de dinheiro. O atual currículo educativo necessita de um exame exaustivo para ter em conta o padrão flutuante da procura no mercado de trabalho e para incluir os diversos cursos relevantes para a criação de empresas, proporcionar aprendizagens e competências técnicas e de gestão valiosas, se o seu destino for supostamente a utilização de MPE.

Recomendo que a sociedade e os jovens licenciados estejam conscientes de que os empregos de colarinho *branco* não podem acolher todos os licenciados. Por isso, a consciencialização deve ser feita de modo a inculcar nas mentes da sociedade e dos jovens licenciados a realidade de que os empregos de colarinho branco não podem ser garantidos a todos os licenciados e de que todos os trabalhos devem ser igualmente respeitados.

O anúncio das vagas deve ser feito por via eletrónica ou através de um quadro de avisos seguro, no qual ninguém pode retirar a vaga anunciada nem anunciar vagas falsas. Nesse caso, pelo menos os candidatos a emprego serão informados em pé de igualdade, e é extremamente necessário um acompanhamento rigoroso do processo de contratação de indivíduos, com regulamentos rigorosos para ultrapassar problemas como a corrupção e os estabelecimentos de redes ilegais que excluem outros.

No que diz respeito à falta de dados registados, tal como demonstrado na investigação, recomenda-se o registo dos licenciados desempregados com base em algumas características básicas, tais como os que entram no mercado de trabalho como nova força de trabalho, os que se debatem com o desemprego prolongado, com a intenção de identificar e dar prioridade aos serviços de colocação e formação para os licenciados mais afectados pelo desemprego prolongado. Eu diria que, se todos nós pudermos dedicar algum tempo a reagir a estes pontos, poderemos fazer grandes progressos na resolução desta questão.

9.4. Áreas para investigação futura

O número de jovens licenciados envolvidos em MPE e que gerem as suas próprias empresas não foi registado nem estudado. Infelizmente, também não existe um estudo exaustivo sobre as MPE geridas por jovens licenciados. Defendo que estas áreas têm de ser estudadas para promover a participação dos diplomados nas MPE.

REFERÊNCIAS

Acs, Z. J., & Armington, C. (2006). Entrepreneurship, geography, and American economic growth. Cambridge University Press.

Ajzen, I. (1987). Atitudes, traços e acções: Dispositional prediction of behavior in personality and social psychology. *Advances in experimental social psychology,* 20, 1-63.

Aremu, M. A. & Adeyemi, S. L. (2011). As pequenas e médias empresas como estratégia de sobrevivência para a criação de emprego na Nigéria. *Jornal de Desenvolvimento Sustentável 4* (1).

Arzeni, S., & Mitra, J. (2008). From Unemployment to Entrepreneurship: Creating Conditions for Change for Young People in Central and Eastern European Countries, In Blokker, P. Dallago, B. (2008): *Youth Entrepreneurship and Local Development in Central and Eastern Europe.* Hampshire: Ashgate.31-60.

Atkinson, R., & Flint, J. (2001). Aceder a populações ocultas e difíceis de alcançar: Snowball research strategies. *Social research update,* 33 (1), 1-4.

Awogbenle, A.C. & Iwuamadi, K.C. (2010). Youth Unemployment: Entrepreneurship Development Programme as an Intervention Mechanism (Programa de Desenvolvimento do Empreendedorismo como Mecanismo de Intervenção). *Jornal Africano de Gestão Empresarial, 4* (6), 831.

Aynadis, Z e Mohammednur, M (2014). Determinantes do crescimento das micro e pequenas empresas na Etiópia: Um caso de MPEs na cidade de Mekelle, Tigray. *Revista Internacional de Investigação Avançada em Ciências Informáticas e Estudos de Gestão, 2(6), 149-157.*

Baxter, J., & Eyles, J. (1997). Evaluating qualitative research in social geography: establishing 'rigour' in interview analysis. *Transactions of the Institute of British Geographers, 22*(4), 505-525.

Becker, G.S. (1962). "Investment in Human Capital", *The Journal of Political Economy, 70* (5): 9-49

Becker, G.S. (1964). Human capital. Columbia University Press, Nova Iorque.

Becker, G.S. (1993). Human Capital: a Theoretical and Empirical Analysis with special reference to Education, Chicago: The University of Chicago Press.

Belay, K.D, Asmera, T, e Tekalign, M. (2015). Factores que afectam o desenvolvimento das micro e pequenas empresas. Um caso das cidades de Mettu, Hurumu, Bedelle e Gore da zona administrativa de Ilu Aba Bora, Etiópia. *Revista Internacional de Publicações Científicas e de Investigação, Volume* 5(1).2250-3153.

Bell, J. (1999). Doing your research project: a guide for first-time researchers in education and social science *(Terceira edição)* Buckingham; Philadelphia: Open University Press.

Berg, B. L. (1995). Qualitative research methods for the social sciences. Boston.

Berntson, E., M. Sverke e S. Marklund (2006). Predicting Perceived Employability: Human Capital and Labor Market Opportunities, *Economic and Industrial Democracy, 27* (2): 223-244.

Bevan, P. (2011). Youth on the path to adulthood in changing rural Ethiopia [Jovens a caminho da idade adulta na Etiópia rural em mudança]. Long Term Perspectives on Development Impacts in Rural Ethiopia (Perspectivas a longo prazo sobre os impactos do desenvolvimento na Etiópia rural): WIDE (Wellbeing and Ill-being Dynamics in Ethiopia) 3 transição da Fase 1. Oxford: Mokoro Limited.

Bhalla, A., & Lapeyre, F. (1997). Social exclusion: towards an analytical and operational framework. *Development and change, 28* (3), 413-433.

Bless, C., Higson-Smith, C., & Kagee, A. (2006). Fundamentos dos métodos de investigação social: Uma perspetiva africana. Juta and Company Ltd.

Boeijie, H. (2009). Analysis in qualitative research. Publicações Sage.

Broussard, N., & Tekleselassie, T. (2012). Youth Unemployment: Ethiopia Country Study. *Centro Internacional de Crescimento, Documento de Trabalho, 12, 0592.*

Bula, H. O. (2012). Desenvolvimento, Cultura e Prática do Empreendedorismo: Uma Análise Teórica da Literatura. *Revista Internacional de Tecnologia Emergente e Engenharia Avançada: 2 (8).*

Bull, I., & Willard, G. E. (1993). Towards a theory of entrepreneurship. *Journal of business venturing, 8* (3), 183-195.

Burchardt, T, Le Grand, J e Piachaud, D. (2002). Degrees of exclusion: developing a dynamic, multidimensional measure, In: Hills, John, Le Grand, Julian e Piachaud, David, (eds.) *Understanding Social Exclusion.* Oxford University Press. 30-43.

Byrne, D. S. (1999). Social Exclusion (Exclusão Social): Open University Press.

Campens, E., Chabe-Ferret, S., & Tanguy, S. (2012). Multi-dimensional social capital and unemployment: the role of preferences for living locally. Working Paper, Retrieved from http://ecodroit.univ-lemans.fr/IMG/pdf/solenne_tanguy_paper.pdf (acedido em 2 de novembro de 2015).

Cho, Y., & Honorati, M. (2013). Programas de empreendedorismo em países em desenvolvimento: A Meta regression analysis, *Discussion Paper Series, Forschungsinstitut zur Zukunft der Arbeit, No. 7333.*

Chuta, N. e G. Crivello (2013). Towards a Bright Future: Young People overcoming Poverty and

Risks in Two Ethiopian Communities, Londres: Departamento de Desenvolvimento Internacional de Oxford, Universidade de Oxford Young Lives Press.

Clark, A. (2003) "Unemployment as a Social Norm: Psychological Evidence from Panel Data", Journal of Labor Economics 21: 323-50.

Cole, J. 2007. 'Fresh Contact in Tamatave, Madagascar: Sex, Money, and Intergenerational Transformation', In *Generations and Globalization. Youth, Age, and Family in the New World Econo my*, editado por J. Cole e D. Durham. Bloomington: Indiana University Press. 74-101

Cope, M, (2010). "Coding qualitative data", em Hay, Iain (terceira ed.), *Qualitative Research Methods in Human Geography,* Oxford University Press, Nova Iorque. 281-294

Crang, M., & Cook, I. (2007). Doing Ethnographies. Londres: Sage.

Creswell, J.W. (2007). Investigação qualitativa e conceção da investigação: Choosing among five approaches. Segunda edição: Sage.

Creswell, J.W. (2014). Research Design: Qualitative, Quantitative, and Mixed Methods Approaches (4ª edição.). Thousand Oaks, Califórnia: SAGE Publications.

CSA. (2007). Recenseamento da população. Adis Abeba, Etiópia.

CSA. (2011). Principais conclusões do inquérito ao desemprego urbano de 2010. Adis Abeba, Etiópia.

CSA. (2014). Relatório estatístico sobre o Inquérito ao Emprego Urbano e ao Desemprego de 2014. Adis Abeba, Etiópia.

Cypher, J. M., & Dietz, J. L. (2004). Measuring economic growth and development. The process of economic development. Segunda edição. Abingdon: Routledge, 28-65.

Dale, B. B. (2014). Experiência de desemprego dos jovens em Addis Abeba. A Research Paper in partial fulfillment of the requirements for obtaining the degree of Master of Arts in Development Studies. Instituto Internacional de Estudos Sociais: Haia, Países Baixos.

Darling, J. (2014). Emoções, Encontros e Expectativas: The Uncertain Ethics of 'The Field'. *Journal of Human Rights Practice,* huu011.

Das, C. (2010). Considerando a ética e as relações de poder num estudo qualitativo que explora as experiências de divórcio entre filhos adultos britânico-indianos. Working paperSchool of Sociology, Social Policy and Social Work, Queen's University Belfast Northern Ireland, Reino Unido.

Davis, J.A. (1959). A formal interpretation of the theory of relative deprivation, Sociometry, 22 (4): 280-296.

Denu, B., Tekeste, A., & Van der Deijl, H. (2005). Characteristics and determinants of youth unemployment, underemployment and inadequate employment in Ethiopia (Características e factores determinantes do desemprego, subemprego e emprego inadequado dos jovens na Etiópia). Gabinete Internacional do Trabalho (BIT).

Desjardins, R. (2014). Rewards to skill supply, skill demand and skill match-mismatch: Studies using the Adult Literacy and Life skills survey (Vol. 176). Universidade de Lund.

DiCicco-Bloom, B., & Crabtree, B. F. (2006). A entrevista de investigação qualitativa. *Medical education, 40* (4), 314-321.

Dowling, R. (2010). "Power, Subjectivity, and Ethics in Qualitative Research" in Hay, Iain (ed.), *Qualitative Research Methods in Human Geography.* Nova Iorque: Oxford University Press, 26-39.

Drbie, M., & Kassahun, T. (2013). Impedimentos para o sucesso das micro e pequenas empresas na sub-cidade de Akaki-Kality. *Jornal de Estudos Empresariais e Administrativos, 5* (2), 1-33.

Eide, P., & Allen, C. B. (2005). Recruiting transcultural qualitative research participants: A Conceptual model. *International Journal of Qualitative Methods, 4* (2), 44-56.

Emmanuel, S. O. Adejokel, B. K. Olugbenga, O. V. e Olatunde, L. O. (2012).

Entrepreneurial Intention among Business and Counseling Students in Lagos State University Sandwich Programme (Intenção Empreendedora entre Estudantes de Negócios e Aconselhamento no Programa Sanduíche da Universidade Estadual de Lagos): *Journal of Education and Practice,* 3 (14).

Eriksson, S. (2002). The persistence of unemployment: does competition between employed and unemployed job applicants matter? Departamento de Economia, Uppsala universitet.

Estratégia de desenvolvimento das micro e pequenas empresas da Etiópia (2011). Quadro de disposições e modalidades de aplicação. Adis Abeba, Etiópia.

Ezzy, D. (2001). Narrating unemployment. Aldershot: Ashgate.

Fagerlind, A e Saha, L.J (1997) Education and National Developments. New Delhi. Reed Educational and Professional Publishing Ltd.

FDRE (1995). *Constituição da República Federal Democrática da Etiópia:* Proclamação n.º 1/1995. Federal Negarit Gazeta 1st 1Year No.1 Addis Ababa - 21sl August, 1995, recuperado de http://www.refworld.org/docid/3ae6b5a84.html (acedido em 2 de abril de 2016).

Flick, U. (2009). An Introduction to Qualitative Research, Fourth Edition, Sage Publications.

Frank, O., & Snijders, T. (1994). Estimar a dimensão de populações ocultas utilizando a amostragem em bola de neve. *Journal of Official Statistics-Stockholm-, 10,* 53-53.

Furnham, A. (1991). Youth unemployment: a review of the literature, in: D. Corson (ed.) *Education for Work. Background to policy and curriculum.* Clevedon, Multilingual Matters/Open University, 132-150

Gallie, D., Paugam, S., & Jacobs, S. (2003). Unemployment, poverty and social isolation: Is there a vicious circle of social exclusion? *European Societies, 5* (1), 1-32.

Gnyawali, D. R., & Fogel, D. S. (1994). Environments for entrepreneurship development: key dimensions and research implications. Entrepreneurship Theory and Practice, 18, 4343.

Gordon, E., & Natarajan, K. (2009). Entrepreneurship development. Himalaya publishing house.

Gray, D.E. (2004). Doing Research in the Real World. Londres: Sage.

Guarcello, L., & Rosati, F. (2007). Child Labor and Youth Employment: Ethiopia Country Study. *Banco Mundial, Nova Iorque.*

Haile, G. A. (2003). The incidence of youth unemployment in urban Ethiopia (A incidência do desemprego juvenil na Etiópia urbana). Universidade de Lancaster.

Howitt, R., & Stevens, S. (2005). Cross-cultural research: ethics, methods and relationships. Oxford, Reino Unido: Oxford University Press.

Hundera, M. B. (2014). Serviços de desenvolvimento de micro e pequenas empresas (MPEs) em start-ups empresariais de mulheres na Etiópia: Um estudo realizado em três cidades: Dire Dawa, Harar e Jigjiga. *Journal of Behavioural Economics, Finance, Entrepreneurship, Accounting and Transport,* 2(4), 77-88.

Hunter, B. (2000). Social exclusion, social capital, and Indigenous Australians: Measuring the social costs of unemployment, Camberra: Center for Aboriginal Economic Policy Research, The Australian National University.

OIT (2006). Global Employment Trends for Youth. Organização Internacional do Trabalho: Genebra.

OIT (2013). Tendências globais de emprego para os jovens 2013: Uma geração em risco. Gabinete Internacional do Trabalho. Genebra.

Iqbal, A., Melhem, Y., & Kokash, H. (2012). Readiness of the university students towards entrepreneurship in Saudi Private University (Prontidão dos estudantes universitários para o empreendedorismo na Universidade Privada Saudita): An exploratory study. *Revista Científica Europeia,* 8 (15).

Isaacs E., Visser, K., Friedrich, C. & Brijlal P. (2007) "Entrepreneurship education and training at the further education and training level in South Africa," *South African journal of education, 27* (4) -613

- 629.

Jeffrey, C. (2008). "'Generation Nowhere': Rethinking Youth through the Lens of Unemployed Young Men". *Progresso em Geografia Humana* 32 (6): 739-758.

Jeffrey, C. (2009). Fixing Futures: Educated Unemployment through a North Indian Lens. *Estudos Comparativos em Sociedade e História, 51* (01), 182-211.

Jeffrey, C., P. Jeffery e R. Jeffery (2008). Degrees without Freedom?: Education, Masculinities, and Unemployment in North India [Graus sem Liberdade: Educação, Masculinidades e Desemprego no Norte da Índia]. Stanford: Stanford University Press.

Kahraman, B. (2011). Youth Employment and Unemployment in Developing Countries (Emprego e Desemprego dos Jovens nos Países em Desenvolvimento): Macro Challenges with Micro Perspectives (2011). Dissertações de doutoramento de pós-graduação. Documento 36. Universidade de Massachusetts, Boston.

Kanfer, R., Wanberg, C. R., & Kantrowitz, T. M. (2001). Job search and employment: A personality-motivational analysis and meta-analytic review. *Journal of Applied psychology, 86* (5), 837.

Kieselbach, T. (2003). Desemprego de longa duração entre os jovens: o risco de exclusão social. *American journal of community psychology, 32* (1-2), 69-76.

Kitchin, R., & Tate, N. (2000). Conduzir a investigação em geografia humana: teoria, metodologia e prática Prentice Hall.

Krishnan, P. (1998). O mercado de trabalho urbano durante o ajustamento estrutural: Ethiopia 19901997. Oxford, Inglaterra: Centro para o Estudo das Economias Africanas.

Kronauer, M. (1998). Exclusão social e subclasse: novos conceitos para a análise da pobreza. *Empirical poverty research in a comparative perspective*, 51-75. Aldershot: Ashgate.

Kvale, S. (1996). Entrevistas: An introduction to qualitative research interviewing. Thousand Oaks, Califórnia: Sage Publications.

Kvale, S., & Brinkmann, S. (2009). Entrevistas: Learning the craft of qualitative research interviewing. Sage.

Landstrom, H. (2005). Pioneers in Entrepreneurship and Small Business Research. Springer Science & Business Media.

Laura J. R. (2014). Desemprego jovem e empreendedorismo. *Ekonomika,* 60 (4), 43-56.

Leavy, J., & Smith, S. (2010). Futuros agricultores: Youth aspirations, expectations and life choices. *Future Agricultures Discussion Paper, 13,* 1-15.

Lewis, J., & Ritchie, J. (2003). Generalizing from qualitative research, em Ritchie e Lewis (eds.) *Qualitative research practice: A guide for social science students and researchers,* 263- 286.

Liamputtong, P. (2011). Metodologia de grupos de discussão: Principle and practice. Sage.

Lincoln, Y. S. & Guba, E. G. (1985). Naturalistic Inquiry. Thousand Oaks, CA: Sage Publications.

Longhurst, R. (2010). Semi-structured Interviews and Focus Groups in Clifford N, French S. and Valentine G. (eds.) *Key Methods in Geography* (Second edition).Washington, DC: SAGE.103-115.

Mago, S. (2014). Desemprego dos jovens urbanos em África: Para onde vão os problemas socioeconómicos. *Revista Mediterrânica de Ciências Sociais, 5* (9), 33.

Mains, D. (2012). A esperança está cortada: Youth, unemployment, and the future in urban Ethiopia [Juventude, desemprego e o futuro na Etiópia urbana]. Temple University Press.

Majumder, R. (2013). Unemployment among educated youth: implications for India's demographic dividend (No. 46881). Biblioteca da Universidade de Munique, Alemanha.

Marshall, C., & Rossman, G. B. (2014). Desenho de investigação qualitativa. 6ª ed. Edition. Sage publications.

Mauchi, F. N., Karambakuwa, R. T., Gopo, R. N., Kosmas, N., Mangwende, S. e Gombarume, F. B. (2011). Lições de Educação para o Empreendedorismo: Um caso de instituições de ensino superior do Zimbabué. Investigação Educacional, 2(7), 1306-1311.

McGuinness, S. (2006). Overeducation in the labour market. *Journal of economic surveys, 20* (3), 387-418.

Mcmurtry, R., & Curling, A. (2008). The Review of Roots of Youth Violence: Literature Reviews Toronto, Service Ontario Publications.

Middleton, J, Adrian Z, e Arvil V.A (1993). Skills for productivity: vocational education and training in developing countries, *WorldBank/Oxford University Press. Nova Iorque.*

Mikkelsen, B. (2005). Métodos para o trabalho de desenvolvimento e investigação: A guide for practioners. Sage, Londres.

MdE. (2008). Estratégia nacional de ensino e formação técnica e profissional (TVET). Adis Abeba, Etiópia.

MoFED. (2010). Relatório Anual de Progresso do Plano de Crescimento e Transformação. Adis Abeba, Etiópia.

MOTI. (1997). Estratégia de desenvolvimento das micro e pequenas empresas. Addis Abeba, Etiópia.

MOYSC. (2004). Política Nacional da Juventude da República Democrática Federal da Etiópia. Adis Abeba, Etiópia.

MUDC. (2013). Inquérito sobre Micro e Pequenas Empresas (MPE) em cidades principais seleccionadas da Etiópia. Addis Abeba, Etiópia.

Minniti, M. (2008). The role of government policy on entrepreneurial activity: productive, unproductive, or destructive? Entrepreneurship Theory and Practice, 32 (5), 779-790. Escritório: Genebra.

Moleke, P. (2010). The graduate labour market. Cidade do Cabo, África do Sul: *Programa de Investigação sobre Emprego e Política Económica, Conselho de Investigação em Ciências Humanas.*

Moser, S. (2008). Personalidade: A new Positionality? Area, 40 (3):383-392.

Murata, A. (2014). Conceber políticas de emprego para jovens no Egipto. *Documento de trabalho 68, Global Economy and Development at Brookings.*

Naafs, S. (2012). Navigating School to Work Transition in Indonesia Industrial Town: Young Women in Cilegon, *the Asian Pacific Anthropology* 13(1):49-63.

Negash, E., & Amentie, C. (2013). Uma investigação sobre a intenção empreendedora dos estudantes do ensino superior nas universidades da Etiópia: Campos de tecnologia e negócios em foco. *Jornal de Investigação Básica de Gestão Empresarial e Contabilidade, 2* (2), 30-35.

Nganwa, P, Assefa, D, e Mbaka, P. (2015). A natureza e os determinantes do desemprego juvenil urbano na Etiópia. *Public Policy and Administration Research, 5* (3), 197205.

O'Higgins, N. (2001). Youth unemployment and employment policy. Uma perspetiva global. Organização Internacional do Trabalho. Genebra.

OCDE. (2012). Os desafios da promoção do emprego jovem nos países do G20, Paris: Imprensa da Organização para a Cooperação e Desenvolvimento Económico.

OCDE. (2013). Entrepreneurship at a Glance, OECD Publishing. Recuperado de. http://dx.doi.org/10.1787/entrepreneur aag-2013-en (acedido em 17 de setembro de 2015).

Olaniyan, D. A., & Okemakinde, T. (2008). Human capital theory: Implications for educational development. *Jornal de Ciências Sociais do Paquistão, 5* (5), 479-483.

Oluwajodu, F., Blaauw, D., Greyling, L., & Kleynhans, E. P. (2015). Graduate unemployment in South Africa: perspectives from the banking sector: original research. *South Africa Journal of Human Resource Management, 13* (1), 1-9.

Perttila, R. (2011). Social capital, coping and information behaviour of long-term unemployed people in Finland. Âbo Akademi University Press.

Raimi, L. (2015). Análise do discurso das definições e teorias do empreendedorismo: Implicação para o fortalecimento da pesquisa acadêmica. *Revista Internacional de Empreendedorismo e Pequenas Empresas, 26* (3), 368-388.

Rice, S. (2010). Sampling in Geography in Clifford N, French S. and Valentine G. (eds.) *Key Methods in Geography* (Second edition), Washington, DC: SAGE. 230-252.

Ridge, T. (2002) Childhood Poverty and Social Exclusion: From a Child's Perspective, Bristol: Policy Press.

Ritchie, J., Spencer, L., & O'Connor, W. (2003). Carrying out qualitative analysis, em Ritchie e Lewis (eds.) *Qualitative research practice: A guide for social science students and researchers*, 219-262.

Rose, G. (1997). Situando os saberes: Positionality, reflexivities and other tactics. *Progresso em Geografia Humana 21* (3):305-320.

Schoof, U. (2006). Stimulating Youth Entrepreneurship: Barriers and incentives to enterprise startups by young people (Barreiras e incentivos à criação de empresas por jovens) (n.º 388157). *Organização Internacional do Trabalho.*

Schwab, D. P., Rynes, S. L., & Aldag, R. J. (1987). Theories and research on job search and choice. *Research in personnel and human resources management, 5* (1), 129-166.

Sen, A. K. (1975) Employment, Technology and Development. Oxford: Clarendon Press.

Serneels, P. (2004). The Nature of Unemployment in Ethiopia (A Natureza do Desemprego na Etiópia). CSAE WPS/2004-01.

Serneels, P. (2007). The nature of unemployment among young men in urban Ethiopia [A natureza do desemprego entre os homens jovens na Etiópia urbana]. *Revista de Economia do Desenvolvimento, 11* (1), 170-186.

SNNPRS. *(2014).* Sobre a SNNPRS. *Hawassa. (Recuperado de:* http://www.snnprs.gov.et/Regional%20Statistical%20Abstract.pdf (Acedido em 24 de dezembro de 2015).

Solt, A e S. Egan. (1988). *Imagine:* John Lennon, Londres: Bloomsbury.

Soni, P, Hay, M, Karodia, A, e Shaikh, A. (2014). A ascensão de África e as necessidades de competências. Comunicado de imprensa da Regent Business School.

Srinivasan, D. (2014). Um estudo sobre atitudes empreendedoras entre licenciados desempregados na Etiópia (com especial referência a Kacabira Wereda, SNNPR, Etiópia). *Revista Multidisciplinar*

Internacional Refereed de Pesquisa Contemporânea, 2 (3). 107.

Stevens, C. K., & Beach, L. R. (1996). Job search and Job selection in R Beach & P. Lee Roy (Eds.), *Decision making in the workplace: A unified perspective.* Hillsdale, Nj: Lawrence Erlbaum Associates. 33-47.

Stevenson, L., & St-Onge, A. (2005). Support for growth-oriented, women entrepreneurs in Kenya (Apoio a mulheres empresárias orientadas para o crescimento no Quénia). Organização Internacional do Trabalho.

Tesfaye, T. (2014). O Papel das Micro e Pequenas Empresas na Redução do Desemprego Jovem: The Case of Meserak Tvet College Graduates in Addis Ababa City Administration: Dissertação de Mestrado em Artes, Universidade de Adis Abeba.

Teshome, M. (1994). Institutional Reform, Macroeconomic Policy Change and the Development of Small Scale Industries in Ethiopia, Stockholm School of Economics, Working Paper No.23, Stockholm.

Banco Mundial. (2015). Working for a World Free of Poverty, Retrieved from http://www.worldbank.org/en/country/ethiopia/overview (acedido em 9 de outubro de 2015).

Thurik, A. R., Carree, M. A., Van Stel, A., & Audretsch, D. B. (2008). Does self-employment reduce unemployment? *Journal of Business Venturing, 23* (6), 673-686.

UNESCO. (2012). "Urbanization and the Employment Opportunities of Youth in Developing Countries", Documento de referência n.º 25 preparado para o *Relatório de Monitorização Global da Educação para Todos* de 2012, *Youth and Skills: Putting Education to Work,* Paris: UNESCO.

União dos Tigreanos na América do Norte. (2015). O desenvolvimento da Etiópia e o Plano de Crescimento e Transformação II. Extraído de http://utna.org/index.php/news/115-ethiopia-s-development-and-the-growth-and-transformation-plan-ii (Acedido em 20 de dezembro de 2015).

Comissão Económica das Nações Unidas para África (UNECA). (2011). Relatório Económico sobre África 2011: Governing Development in Africa- the role of the state in economic transformation. Adis Abeba, Etiópia.

Valentine, G. (2001). "At the drawing board: developing a research design" in Limb, M and Dwyer, C. (eds), *Qualitative Methodologies for Geographers: Issues and Debates.* Arnold, Londres. 41-54.

Valerio, A, Parton, B, e Robb, A. (2014). Programas de educação e formação em empreendedorismo em todo o mundo: Dimensions for Success. Washington, DC: Banco Mundial.

Venesaar, U., Kolbre, E., & Piliste, T. (2006). Students' attitudes and intentions towards entrepreneurship at Tallinn University of Technology. TUTWPR (154), 97-114.

White, P. (2010). Making use of Secondary Data in Clifford N, French S. and Valentine G. (eds.) *Key Methods in Geography* (Second edition).Washington, DC: SAGE.61-76.

Município de Wolaita Sodo. (2015). Perfil da cidade de Sodo preparado para o 6º Dia das Cidades da Etiópia em Diredawa *(amárico),* Etiópia. Imprensa de Damota Tsedal, Wolaita Sodo.

Wolbers, M.H.J. (2003). 'Learning and Working: Double Statuses in Youth Transitions", em W. Müller e M. Gangl (eds) *Transitions from Education to Work in Europe,* 131-155. Oxford: Oxford University Press.

Yu, N. (2004). Fresh Graduates Face Unemployment. China Perspectives, 51 (1), 4-11.

Zewde, B. (2002b). Pioneers of Change in Ethiopia: The Reformist Intellectuals of the Early Twentieth Century. Oxford, Inglaterra: James Currey.

APÊNDICES

Apêndice 1: Quadro com informações sobre os antecedentes dos participantes na investigação (jovens licenciados desempregados)

Não.	Código	Sexo	Idade	Marital Estado	Educação Instituição	Certificados	Duração
1	A	F[25]	25	Casado	Colégio privado	Diploma	1 Y & 3 Ms
2	B	F	26	Solteiro	Colégio privado	Diploma	2 Y & 6 Ms
3	C	F	26	Solteiro	Universidade pública	Licenciatura (12+3)	1 Y & 2 Ms
4	D	F	27	Casado	Colégio público	Diploma	3 Y
5	E	F	25	Solteiro	Colégio privado	Diploma	1 Y & 3 Ms
6	F	F	28	Casado	Colégio público	Diploma	2 anos e 6 meses
7	G	M[26]	21	Solteiro	*Colégio público*[27]	Diploma	1 Y & 2 Ms
8	H	M	23	Solteiro	Colégio privado	Diploma	2 anos
9	I	M	24	Solteiro	Colégio privado	Diploma	3 anos
10	J	M	23	Solteiro	Universidade pública	Licenciatura (12+3)	1 Y e 3 Ms
11	K	M	25	Solteiro	*Colégio público*[28]	Diploma	1 Y & *1M*
12	L	M	24	Solteiro	*Universidade pública*	Licenciatura (12+3)	1 Y & 2 Ms
13	M	M	26	Solteiro	Colégio privado	Diploma	2 Y & 4 Ms
14	N	M	28	Solteiro	Universidade pública	Licenciatura (12+4)	1 Y & 1 *M*
15	O	M	28	Solteiro	Universidade pública	Licenciatura (12+3)	1 Y & 2 Ms
16	P	M	27	Solteiro	Colégio privado	Diploma	1 Y & 6 Ms
17	Q	M	29	Solteiro	Colégio privado	Diploma	1 Y & 3 Ms
18	R	M	29	Solteiro	Colégio privado	Diploma	2 anos e 9 meses

N.B: .*W* mês, Ms= meses, Y= ano, Ys= anos

---

[25] Feminino
[26] Masculino
[27] Ensino e formação técnico-profissional
[28] Ensino e formação técnico-profissional

A. Guia de entrevista semi-estruturada e de discussão em grupo focal para jovens licenciados desempregados

I. Informações gerais

✓ Idade _____

✓ Sexo _____

✓ Estado civil _____________

✓ Nível de educação _____________

✓ Duração do desemprego _____________

1. Como descreve as suas experiências de procura de emprego?

- Quais são as oportunidades de emprego disponíveis para os licenciados?

- Como é que encara as diferentes oportunidades de emprego?

- Que tipo de emprego procuram?

- Quais são os critérios relevantes para o emprego em profissões liberais?

- O que é que considera importante no processo de procura de emprego?

- Quais são os desafios que enfrentou durante a procura de emprego?

- Para que empregos se qualifica?

- Tem alguma ideia adicional relacionada com as suas experiências de procura de emprego, que considere importante?

2. Como é que os jovens licenciados vivem o desemprego?

- Onde é que passa a maior parte do seu tempo?

- Como se exprime o facto de estar desempregado após a licenciatura e o que isso significa para si?

- Qual é, na sua opinião, a causa do desemprego?

- Como é que se lida com o desemprego?

- Como se sente quando se encontra com os seus antigos amigos que trabalham num emprego *de colarinho branco*?

- Quais são, na sua opinião, os custos do desemprego?

- Sente-se excluído ou incluído em várias actividades sociais devido ao desemprego?

- Quais são as suas aspirações futuras?

- Tem alguma ideia adicional que considere útil em relação ao desemprego dos licenciados?

3. Qual é a sua atitude em relação às MPE?

- O que é que sabe sobre as MPE?

- Qual é a sua atitude em relação à criação de empresas nas MPE?

- Que factores considera responsáveis pela formação das suas atitudes?

- Considera que tem qualificações a mais ou a menos para as MPE? Em caso afirmativo, porquê? Se não, porquê?

- Como é que procura apoio para a criação de empresas nas MPE?

- Quais são as oportunidades nas MPE?

- Quais são os obstáculos à criação de empresas nas MPE?

- Na sua opinião, quem é responsável pelo problema do desemprego dos licenciados?

- Qual é a sua opinião sobre o futuro das MPE dos jovens licenciados?

- Que tipo de actividades considera que deveriam ser realizadas para envolver os licenciados nas MPE?

- Tem alguma ideia adicional que considere muito importante?

B. Guião de entrevista às "elites" do Gabinete de Desenvolvimento do Comércio e da Indústria e do Gabinete da Mulher, da Criança e da Juventude

1. Quais são as oportunidades de emprego disponíveis para os jovens licenciados?

2. Quais são as oportunidades nas MPE para os jovens licenciados?

3. Quais são os obstáculos que impedem os jovens licenciados de aproveitarem as oportunidades nas MPE?

4. Quais são as MPE que incentiva os jovens licenciados desempregados a criarem as suas próprias empresas?

5. Como vê o ambiente para os jovens licenciados criarem as suas próprias empresas?

6. Existe um sistema de registo do número de jovens desempregados nas respectivas localidades administrativas ou num centro principal, por departamentos e anos de licenciatura, a fim de criar um melhor ambiente para o emprego e a criação de postos de trabalho para os desempregados de longa duração?

Printed by Books on Demand GmbH, Norderstedt / Germany